Análise Qualitativa Comparativa

Dados Internacionais de Catalogação na Publicação (CIP)
(Câmara Brasileira do Livro, SP, Brasil)

Gomes Neto, José Mário Wanderley
  Análise Qualitativa Comparativa (QCA) / José Mário Wanderley Gomes Neto, Rodrigo Barros de Albuquerque, Leon Victor de Queiroz Barbosa. – 1. ed. – Petrópolis, RJ : Vozes, 2025.

  Bibliografia.

  ISBN 978-85-326-7144-8

  1. Dados – Análise 2. Pesquisa qualitativa 3. Pesquisa qualitativa – Metodologia I. Albuquerque, Rodrigo Barros de. II. Barbosa, Leon Victor de Queiroz. III. Título.

25-261100 CDD-001.42

Índices para catálogo sistemático:
1. Pesquisa qualitativa : Metodologia 001.42
Aline Graziele Benitez – Bibliotecária – CRB-1/3129

Análise Qualitativa Comparativa

José Mário Wanderley Gomes Neto
Rodrigo Barros de Albuquerque
Leon Victor de Queiroz Barbosa

EDITORA
VOZES

Petrópolis

© 2025, Editora Vozes Ltda.
Rua Frei Luís, 100
25689-900Petrópolis, RJ, Brasil
www.vozes.com.br

Todos os direitos reservados. Nenhuma parte desta obra poderá ser reproduzida ou transmitida por qualquer forma e/ou quaisquer meios (eletrônico ou mecânico, incluindo fotocópia e gravação) ou arquivada em qualquer sistema ou banco de dados sem permissão escrita da editora.

CONSELHO EDITORIAL

Diretor
Volney J. Berkenbrock

Editores
Aline dos Santos Carneiro
Edrian Josué Pasini
Marilac Loraine Oleniki
Welder Lancieri Marchini

Conselheiros
Elói Dionísio Piva
Francisco Morás
Teobaldo Heidemann
Thiago Alexandre Hayakawa

Secretário executivo
Leonardo A.R.T. dos Santos

PRODUÇÃO EDITORIAL
Anna Catharina Miranda
Eric Parrot
Jailson Scota
Marcelo Telles
Mirela de Oliveira
Natália França
Priscilla A.F. Alves
Rafael de Oliveira
Samuel Rezende
Verônica M. Guedes

Editoração: Piero Kanaan
Diagramação: Sheilandre Desenv. Gráfico
Revisão gráfica: Nilton Braz da Rocha
Capa: Anna Ferreira Coelho

ISBN 978-85-326-7144-8

Este livro foi composto e impresso pela Editora Vozes Ltda.

Sumário

Apresentação, 7

Introdução, 11

Parte I – Análise Qualitativa Comparativa: conceitos fundamentais e atividades preparatórias, 15

1 Métodos mistos, 17

2 Unidades de análise, 31

3 Análise Qualitativa Comparativa: atividades preparatórias, 47

4 Interpretando a QCA: atividades preparatórias, 59

Parte II – Análise Qualitativa Comparativa: espécies, 81

5 Análise Qualitativa Comparativa *crisp-set* (csQCA), 83

6 Análise Qualitativa Comparativa *multi-value* (mvQCA), 103

7 Análise Qualitativa Comparativa *fuzzy-set* (fsQCA), 123

Referências, 143

A Luiza, Guilherme e Letícia

Apresentação

Quando o Professor Gláucio Ary Dillon Soares (2005), há duas décadas, chamou a atenção para o calcanhar de Aquiles da Ciência Política brasileira, na verdade, plantava uma semente que fez brotar uma árvore, e que agora dá frutos. Este livro é uma evidência inequívoca disso, pois mostra o amadurecimento e a crescente sofisticação metodológica que a Ciência Política feita no Brasil vem demonstrando nos últimos anos.

Naquele momento, constatava o Professor Gláucio que "o trabalho típico encontrado nas revistas brasileiras não é quantitativo, não é qualitativo, não é quali-quanti, é ensaístico". Mais do que isso, dizia ele que "há muitas revistas que publicam quase exclusivamente ensaios. A desproporção é grande, e os que pesquisam e usam dados quantitativos e/ou qualitativos são minoria. Além de minoria, não se conhecem, não se leem e não se entendem". Tenho certeza de que ele estaria feliz hoje, pois me parece flagrante que caminhamos a passos largos e, relativamente, em pouco tempo (Soares, 2005).

De lá para cá avançamos muito, e num sentido virtuoso. Aprendemos a levar a sério a ideia de que a Ciência Política passa por profundas transformações metodológicas, e se caracteriza hoje pela exigência cada vez maior com a qualidade das inferências que é capaz de entregar. Só para citar o debate, já clássico, entre King, Keohane e Verba (2021) de um lado; e Brady, Collier e Seawright (2010) de outro. Essa riquíssima discussão deixou muitos avanços positivos, mas sem dúvida o principal foi colocar em primeiro plano a relevância do desenho de pesquisa e a preocupação com a qualidade das inferências que a Ciência Política deve ser capaz de realizar.

Essa verdadeira "revolução de credibilidade" veio acompanhada de um "pluralismo inferencial", para usar os termos que nos empresta o Professor Flávio da Cunha Rezende (2023). Um pluralismo que indica que o campo está caracterizado, hoje, pela sua receptividade a diferentes formas de pensar causalidade, ou acessar causação, se preferirem. Como consequência, a Ciência Política de hoje parece muito mais disposta a colocar em diálogo diferentes estratégias metodológicas e aceitar diferentes tipos de explicação. Mais do que isso, esse pluralismo fomenta a possibilidade de um avanço cada vez maior para a abordagem de pesquisa multimétodo.

Pois bem, este livro mostra exatamente isso. Ao envidar esforços para oferecer um manual introdutório de Análise Qualitativa Comparativa (QCA), os autores firmam compromisso com esse pluralismo. Em especial, eles ajudam a ampliar o diálogo quali-quanti, reclamado por Soares há 20 anos.

Com uma linguagem simples e aplicada, os autores começam a familiarizar cuidadosamente o leitor com os conceitos fundamentais e a lógica booleana de causação, fundamentais à compreensão dos métodos configuracionais, permitindo que ele se aproprie dos rudimentos da abordagem. Em seguida, com uma reflexão bastante detalhada, os autores colocam em foco uma questão crucial, e seleção de casos em abordagens qualitativas. Não poderia ser mais acertada essa sequência, visto que a diferença talvez mais importante entre os métodos configuracionais e a abordagem estatística seja justamente a seleção intencional de casos. Esta última se caracteriza pelo teste ou construção de teorias orientadas por variáveis, a anterior como teoria orientada por casos.

Fincadas as ideias e conceitos fundamentais, a essa altura o iniciante certamente já estará curioso para ver "como isso funciona". E é a partir desse momento que os autores convidam o leitor a começar já. Encorajando-o a, no melhor estilo, aprender fazendo. Conduzindo o leitor pela mão até a conclusão de um procedimento completo do protocolo de análise, considera-se a missão cumprida, ou quase. Na sequência, a exploração das variantes de QCA instiga o leitor a se aprofundar num novo e promissor universo de investigação ainda pouco explorado no Brasil. Não poderia faltar melhor estímulo para que o leitor siga em frente.

Com esta excelente e inovadora contribuição, José Mário Wanderley Gomes Neto, Rodrigo Barros de Albuquerque e Leon Victor de Queiroz Barbosa mostram que estão levando Gláucio Soares a sério. A Ciência Política brasileira agradece.

Manoel Leonardo Wanderley Santos

Doutor em Ciência Política (UFPE) e professor no Programa de Pós-Graduação em Ciência Política da Universidade Federal de Minas Gerais (UFMG).

Belo Horizonte (MG), 18 de dezembro de 2024.

Introdução

> [A QCA] é um meio-termo entre os dois extremos, abordagens orientadas a variáveis e orientadas a casos: é um meio-termo entre generalidade e complexidade (Ragin, [1987] 2014, p. 168).

A Análise Qualitativa Comparada (QCA) tem se destacado como uma ferramenta metodológica poderosa para pesquisadores em diversas áreas do conhecimento, oferecendo uma ponte inovadora entre as abordagens qualitativas e quantitativas. Em um mundo acadêmico frequentemente polarizado entre a riqueza da descrição qualitativa e o rigor da análise quantitativa, a QCA emerge como uma solução elegante, combinando a análise sistemática de casos com a atenção à complexidade e aos detalhes contextuais. Inicialmente, ela foi desenvolvida por Charles Ragin ([1987] 2014) como uma resposta à necessidade de analisar casos de forma holística, considerando a interação entre múltiplas condições causais na produção de um determinado resultado.

A QCA se baseia na lógica booleana e na teoria dos conjuntos para analisar dados qualitativos de forma sistemática. Em vez de buscar isolar o efeito individual de cada variável, como o fariam técnicas quantitativas tradicionais, a exemplo da regressão, a QCA examina como diferentes condições se combinam para gerar resultados específicos. Essa abordagem configuracional permite capturar a *complexidade causal*, reconhecendo que diferentes caminhos podem levar ao mesmo resultado (*equifinalidade*), e que a presença ou ausência de uma condição pode ter impactos distintos dependendo do contexto (*causalidade assimétrica*). Aqui o uso da matemática – na lógica booleana e na teoria dos conjuntos –

não categoriza a QCA como uma técnica quantitativa, pois a análise qualitativa comparada se distingue de técnicas quantitativas tradicionais ao se concentrar na identificação de *configurações causais*, ou seja, combinações específicas de fatores que levam à ocorrência de um fenômeno.

Este livro propõe-se a guiar o leitor por meio dos fundamentos, aplicações e potencialidades da QCA. A obra se estrutura de forma a apresentar, de maneira didática e aprofundada, os conceitos-chave, as técnicas de análise e as diferentes variantes da QCA, incluindo a *crisp-set* QCA (csQCA), a *fuzzy-set* QCA (fsQCA) e a *multi-value* QCA (mvQCA). Ao longo deste livro, os leitores poderão identificar a multiplicidade de áreas de pesquisa nas quais a QCA vem sendo utilizada com sucesso, a exemplo de:

- **Ciência Política:** análise de regimes políticos, movimentos sociais, processos de democratização, políticas públicas. Veja, por exemplo, Schneider e Wagemann (2012), sobre processos de democratização, e Rihoux e Ragin (2009), para múltiplos exemplos na área;
- **Sociologia:** estudo de desigualdades sociais, mobilidade social, estratificação social, dinâmicas de grupo. Para exemplos, veja Ragin (2000), sobre estratificação social, e Duşa (2019), sobre políticas públicas e impacto social;
- **Administração:** análise de estratégias organizacionais, inovação, desempenho empresarial, liderança. Confira o trabalho de Fiss (2011) sobre tipologias organizacionais;
- **Economia:** investigação de desenvolvimento econômico, crises financeiras, competitividade. Veja Vis (2012), uma metanálise reunindo estudos sobre o uso de fsQCA em temas de economia;
- **Saúde Pública:** estudo de determinantes sociais da saúde, efetividade de intervenções, sistemas de saúde. Confira uma aplicação de fsQCA no estudo de serviços de saúde em Longest e Vaisey (2008).

A versatilidade da QCA reside em sua capacidade de lidar com diferentes tipos de dados qualitativos, incluindo dados de entrevistas, documentos, observação participante e estudos de caso, seja um número pequeno de casos em profundidade ou um número intermediário de casos de forma comparativa. Os exemplos listados acima demonstram isso, mas veremos muito mais na segunda parte deste livro, dedicada exclusivamente a apresentar as variantes de QCA e aplicações específicas de cada uma delas, nas áreas de Ciência Política, Direito, Políticas Públicas e Relações Internacionais.

A QCA oferece diversas vantagens em relação a outras abordagens de pesquisa. Ao contrário do que normalmente ocorre em estudos quantitativos, por exemplo, a QCA preserva a complexidade dos casos que analisa ao capturar a interação entre múltiplas causas e reconhecer a heterogeneidade dos casos analisados. Seu foco em configurações causais e não no efeito isolado de fatores específicos permite à QCA identificar combinações específicas de fatores que levam a um resultado. Além disso, seus procedimentos metodológicos são claros e sistemáticos, facilitando a compreensão e a replicação das análises, conferindo-lhe transparência e replicabilidade, características que não são exclusivas de pesquisas quantitativas. Por fim, mas não de forma exaustiva, a QCA combina abordagens qualitativas e quantitativas em uma técnica mista, integrando a riqueza da descrição qualitativa com o rigor da análise sistemática e quantitativa.

Este livro se destina a estudantes de graduação e pós-graduação, pesquisadores e profissionais que desejam se aprofundar na QCA e aplicar essa ferramenta em suas pesquisas. Com esse intuito em vista, esta obra busca ser acessível a leitores com diferentes níveis de familiaridade com métodos de pesquisa, oferecendo uma introdução completa e didática à QCA. Ao final da leitura, espera-se que o leitor seja capaz de compreender os fundamentos e princípios que governam a QCA, desenhar pesquisas utilizando essa técnica, analisar dados qualitativos utilizando a variante correta de QCA, interpretar os resultados da análise corretamente, reconhecer e avaliar criticamente o potencial e as limitações da QCA.

O livro está dividido em duas partes e sete capítulos. A primeira parte, compreendendo quatro capítulos, trata dos fundamentos da análise qualitativa comparada e de como desenhar uma pesquisa utilizando a

QCA. Para isso, busca-se responder a algumas perguntas: Por que combinar técnicas qualitativas e quantitativas? Como definir um caso de análise? Como escolher os casos adequados para realizar a análise qualitativa comparada? Como e por que comparar casos? Por último, mas não menos importante, como interpretar os resultados da QCA? Nossa contribuição aqui é descomplicar para os iniciantes em QCA, sem perder a precisão na apresentação da técnica.

A segunda parte do livro está dividida em três capítulos, cada um tratando de um dos tipos de QCA, ou variantes: *crisp-set*, *fuzzy-set* e *multi-value*. Aqui enveredamos por uma segunda contribuição: apresentar numerosos exemplos em diferentes áreas da pesquisa social, para cada um dos tipos de QCA, seguindo o modelo adotado em Gomes Neto, Albuquerque e Silva (2024). Nosso esforço aqui é, além de contribuir para um entendimento mais claro da técnica, mostrar a prática da pesquisa com a técnica, apresentando trabalhos que foram publicados em periódicos científicos que a mobilizaram. Nessa parte, além de explicar brevemente quais eram os objetivos de cada trabalho, mostramos como a técnica foi mobilizada pelos seus autores e em quais resultados chegaram.

Com isso, buscamos fugir ao *script* tradicional de livros de métodos de pesquisa, nos quais as técnicas são apresentadas friamente e aos leitores cabe se perguntar como fazer pesquisa com a técnica de forma adequada. Acreditamos que este livro contribuirá para a difusão da QCA como uma ferramenta valiosa para a pesquisa social, permitindo avançar na compreensão de fenômenos complexos de forma rigorosa e contextualizada.

Boa leitura.

José Mário Wanderley Gomes Neto

Rodrigo Barros de Albuquerque

Leon Victor de Queiroz Barbosa

Parte I

Análise Qualitativa Comparativa: conceitos fundamentais e atividades preparatórias

1
Métodos mistos

1.1 Combinando técnicas quantitativas e qualitativas

> À medida que o número de observações relevantes diminui, diminui a possibilidade de submeter argumentos a testes estatísticos rigorosos. Outros métodos devem ser utilizados (Ragin, [1987] 2014, p. 12).

Em 1907 irrompeu uma revolta camponesa na Romênia. Apesar de sua duração de pouco menos de dois meses, teve grandes repercussões, sobretudo pelo seu desfecho catastrófico: milhares de camponeses foram massacrados pelo exército romeno, sob ordens do recém-instaurado governo liberal de acabar imediatamente com a revolta. A demanda do campesinato era a mesma da história de todas as rebeliões campesinas: as terras estavam nas mãos de poucas pessoas ricamente favorecidas, seu custo para as populações mais pobres tornava inviável para estes grupos adquirirem terras, resultando em uma classe campesina perpetuada ao longo de gerações e que pouco ou nada conseguia fazer para mudar este quadro.

O crescimento populacional dos camponeses pressionava ainda mais por uma resolução do problema na medida em que o território era pequeno para a ampliação das famílias e os recursos começavam a escassear. O estopim foi a recusa de um proprietário de terras, Mochi Fischer, para renovar o arrendamento das terras aos camponeses, que receando a perda de seus empregos e não terem comida para alimentar as suas famílias, reagiram violentamente. O movimento logo se espalhou para outras áreas do país. O governo vigente do Partido Conservador, não conseguindo conter as revoltas, renunciou e foi sucedido pelo Partido Nacional-Liberal. Com a declaração de um estado de emergência com pouco mais de um mês de revolta, 140 mil soldados foram colocados em campo e foram responsáveis por, estimam os pesquisadores, 10 mil camponeses mortos e um igual número de presos.

Nos anos de 1970, Daniel Chirot e Charles Ragin (1975) estudaram esse caso a fundo, usando modelos estatísticos para analisar censos históricos que buscavam consolidar modelos em torno das leituras sociológicas da época. Inspirados pelos estudos de Moore sobre as origens sociais da ditadura e da democracia; de Hobsbawm sobre as revoltas camponesas contra a modernização capitalista; de Tilly sobre as greves na França e o papel da mobilização social e das revoluções na formação de estados nacionais; e de Stinchcombe sobre classes rurais e organização social, Chirot e Ragin desenvolveram um modelo estatístico que, embora tenha oferecido uma explicação satisfatória para o caso romeno, acendeu uma fagulha em Charles Ragin. Não satisfeito com a explicação estatística, ele entendeu que muitos fenômenos são difíceis de serem reduzidos a poucas variáveis explicativas porque são decorrentes do que se convencionou chamar posteriormente de *configurações causais*. Isto é, a interação entre diferentes condições seria responsável pela produção de determinado resultado qualitativo, o que Stuart Mill chamava de causação química.

Ragin, no entanto, não descredibilizava por completo a análise quantitativa. Como ele mesmo escreveu no prefácio ao seu clássico *The comparative method: moving beyond qualitative and quantitative strategies*, originalmente publicado em 1987 (2014), sua formação como sociólogo quantitativista, treinado para utilizar "técnicas de estatística multivariada sempre que possível", era frustrante porque nunca parecia adequada para examinar fenômenos do seu interesse enquanto pesquisador.

O impulso por ampliar o tamanho das amostras vinha acompanhado de um exame cada vez menos profundo sobre os casos analisados, o que não lhe permitia engajar em respostas sobre questões sociais que envolviam fatores históricos, culturais ou geográficos. Urgia, então, investir na formalização daquilo que já era feito, na prática, por cientistas sociais qualitativistas, não para abandonar as técnicas quantitativas, mas para complementá-las no objetivo maior da empreitada científica: produzir conhecimento válido e confiável sobre fenômenos de interesse.

A aparente divisão percebida entre abordagens de investigação empírica qualitativa e quantitativa é muitas vezes uma ilusão que pode dificultar a análise abrangente dos dados que nos falam sobre os fenômenos concretos investigados. Embora ambos os grupos de métodos tenham os seus pontos positivos e negativos, a eventual combinação dos dois, quando adequada aos casos e ao problema de pesquisa, pode resultar numa compreensão mais robusta de fatos complexos.

Nesse sentido, a pesquisa qualitativa fornece *insights* ricos e detalhados sobre o comportamento e as experiências humanas, permitindo aos pesquisadores capturar as complexidades de uma situação específica. Já a investigação quantitativa oferece rigor estatístico e generalização, permitindo aos investigadores tirar conclusões mais amplas e, assim, generalizantes, a partir das suas descobertas. Enquanto o enfoque empírico quantitativo busca saber pouco sobre muitos (generalização controlada), a abordagem empírica qualitativa tem por finalidade saber muito sobre poucos (profundidade analítica) e a integração de ambos é potencialmente reveladora de novas descobertas em duas dimensões distintas dos mesmos fatos (Rezende, 2011, 2023; Paranhos *et al.*, 2016; Gomes Neto; Albuquerque; Silva, 2024).

Em conjunto, os investigadores poderiam integrar os seus dados, validando resultados por meio de múltiplos métodos e oferecendo novas respostas aos problemas empíricos de pesquisa. É essencial que os profissionais reconheçam que os métodos qualitativos e quantitativos *não são ferramentas mutuamente excludentes, mas sim reciprocamente complementares*: cada uma oferecendo perspectivas únicas que podem enriquecer a nossa compreensão dos acontecimentos do mundo concreto que nos rodeia.

Ninguém pode ter tudo. Cada opção metodológica tem vantagens e limitações. Por exemplo, muitas vezes os desenhos experimentais não apresentam os mecanismos subjacentes que explicam como as variáveis independentes influenciam a variável dependente. Muitas vezes não é possível saber em que medida o caso escolhido representa um *outlier* ou uma observação típica de uma determinada distribuição (Paranhos *et al.*, 2016, p. 406).

A crescente complexidade dos problemas de pesquisa estudados nas Ciências Sociais e Ciências Sociais Aplicadas tem trazido à tona a insuficiência das técnicas qualitativas e quantitativas para explicarem, isoladamente, muitos desses fenômenos de interesse. Nesse sentido, surge a percepção de que essa complexidade é mais bem manejada quando equipes de pesquisadores com diferentes formações e áreas de interesse se reúnem em uma mesma pesquisa, fazendo surgir estratégias que buscam, à sua maneira, combinar técnicas quantitativas e qualitativas, ou seja, "um processo de ajuste inferencial, que termina por produzir uma organização disciplinar que conceituamos como Pluralismo Inferencial" (Rezende, 2023, p. 18).

Essas estratégias, combinando as vantagens do uso de técnicas dos dois grupos tradicionais – qualitativas e quantitativas –, são denominadas pela literatura de *métodos mistos* (Creswell, 2010). Essa modalidade de pesquisa integra dados provenientes de análises qualitativas e quantitativas para construir uma abordagem multidimensional de investigação sobre os fenômenos concretos (Miles *et al.*, 2014).

Ao usar uma abordagem de métodos mistos, os responsáveis pela pesquisa são capazes de reunir novos dados ricos e detalhados (quiçá antes ocultos) que podem fornecer *insights* mais enraizados e aumentar a profundidade das suas descobertas. Por exemplo, em uma pesquisa hipotética sobre cuidados de saúde, um estudo pode utilizar *surveys* para recolher dados quantitativos sobre a satisfação dos pacientes com um novo tratamento, ao mesmo tempo que realiza entrevistas com eles para recolher informações qualitativas sobre as suas experiências e preferências.

Os(as) pesquisadores(as) podem obter uma compreensão multidimensional de como os pacientes percebem e respondem ao tratamento, o que pode informar futuras práticas de cuidados de saúde.

> Os conhecimentos sobre probabilidade e a necessidade de amostragem, de poder estimar parâmetros etc. penetraram um número cada vez maior dos cientistas políticos e sociais "qualitativos" sérios, assim como vários dos "quantitativos" se conscientizaram da riqueza de informações que se agrega a uma pesquisa quantitativa quando ela é precedida por informações qualitativas. Um *survey*, por exemplo, fica muito enriquecido se precedido e sucedido por entrevistas abertas, focalizadas, histórias de vida, grupos focais e outros instrumentos qualitativos. Felizmente, o abismo entre qualitativos e quantitativos está se fechando (Soares, 2005, p. 48-49).

O emprego da pesquisa empírica por métodos mistos nos permite uma exploração mais abrangente de fenômenos complexos e é especialmente útil em campos em que múltiplas perspectivas são necessárias para uma análise completa do fato. Adotar métodos mistos implica aceitar – pelo menos implicitamente – o referido pressuposto pragmatista de que os métodos qualitativos e quantitativos não são apenas compatíveis, mas também complementares, avançando na produção de conhecimento cientificamente relevante (Maggetti, 2018). Entretanto, essa é uma questão longe de ser pacífica, por exemplo, na Ciência Política contemporânea. A despeito de profícua produção que tenta abordar o problema de integração metodológica (cf. Brady e Collier (2010) e Goertz e Mahoney (2012) para exames mais abrangentes sobre isso), ainda persistem diferenças fundamentais entre as duas tradições de pesquisa, derivadas de suas próprias particularidades.

Quando é possível integrar métodos dessas distintas tradições? Quando não, como decidir corretamente sobre qual estratégia perseguir a fim de estabelecer um desenho de pesquisa adequado ao problema que se busca resolver? Rezende (2014) se debruça sobre essas questões, analisando que reconhecer a existência de diferenças fundamentais entre ambas as tradições resolve, ao mesmo tempo, as duas perguntas no início deste parágrafo. Isso acontece porque, se é verdadeiro que as técnicas quantitativas se prestam à análise de grandes volumes de dados e, quanto maior o número, mais gerais são as explicações oferecidas, as técnicas qualitativas objetivam oferecer análise mais detalhada e profunda de um ou poucos casos, portanto, reduzindo significativamente o escopo da sua análise e a sua capacidade de generalização.

Esse embate entre explicações gerais e explicações particulares é o que guia boa parte desse debate. Dito de outra forma, saber qual o tipo de análise que se pode fazer a partir do objeto de pesquisa que se tem em mãos e os dados que se tem à disposição são as *razões metodológicas* para a escolha de uma técnica qualitativa ou de uma técnica quantitativa, e isso *deve ser suficiente*. Não deve haver, nesse processo de seleção de técnicas de pesquisa, razões pessoais, sobretudo ideológicas, para o uso de uma dada técnica.

Não se trata, assim, de pregar a superioridade de um ou outro grupo metodológico, ao contrário do que parece prevalecer nas publicações científicas. Técnicas quantitativas não são melhores do que as qualitativas e o inverso também é verdadeiro; para cada objeto de pesquisa e dados empíricos disponíveis, você deve escolher a técnica mais adequada para o seu desenho de pesquisa, em vez de forçar a análise pelo caminho da sua técnica de preferência. Estamos falando aqui, afinal, de ciência, não de ideologia.

A mesma lógica, de escolha da técnica em função do objeto analisado, deve orientar a opção por desenhos de pesquisa que integram métodos qualitativos e quantitativos, os *métodos mistos*. Se um dado objeto de análise pode se beneficiar de uma análise quantitativa combinada com uma análise qualitativa, se o(a) pesquisador(a) domina as técnicas necessárias e se há tempo, recursos e dados para mobilizar ambas as estratégias, não há justificativa plausível para não o fazer.

1.2 Lógica booleana aplicada à análise qualitativa

> A lógica booleana pode ser aplicada na análise de instituições, nela interpretadas como conjuntos (Jacobs, 2010, p. 50).

Entre as ferramentas que se destacam no ambiente dos chamados métodos mistos (isto é, aqueles vistos no item anterior que, entre outras características, apresentam simultaneamente elementos quantitativos e qualitativos) e principalmente no que diz respeito à necessidade de se fazer pesquisas empíricas comparativas, estão os *set-theoretic methods* – uma abordagem científica sobre a realidade social, a partir da interação de três dimensões analíticas distintas (Schneider; Wagemann, 2012) baseadas na teoria dos conjuntos:

Quadro 1. Dimensões dos métodos *set-theoretic*

1ª dimensão	2ª dimensão	3ª dimensão
Dados organizados a partir de *escores de pertencimento* a determinado conjunto.	Relações entre fenômenos sociais são modeladas em *termos de relações entre conjuntos*.	Resultados apresentados em termos de condições de *necessidade e suficiência*, com ênfase na *complexidade causal*.

Fonte: elaborado pelos autores, com base em Schneider e Wagemann (2012, p. 3).

Os *set-theoretic methods* foram desenvolvidos a partir das ideias do matemático britânico George Boole (1815-1864), que criou ferramentas formais, reunindo elementos da matemática (álgebra) e da filosofia (lógica): uma configuração algébrica bem-sucedida para operações lógicas utilizando termos de classe (ou propriedades), isto é, a forma abstrata de se realizar cálculos envolvendo classes, aqui compreendidas como conjuntos e seus elementos (Hailperin, 1981).

Seus achados foram importantes para o desenvolvimento de diversos campos do saber, desde eletrônica digital, linguagens de programação, estatística até o uso da teoria dos conjuntos nas mais diversas aplicações da pesquisa comparativa – dos estudos em saúde até aqueles referentes aos fatos sociais e às instituições. Assim, "a lógica booleana é um sistema para realizar operações lógicas na análise de conjuntos, ou grupos, de números, objetos ou eventos" (Jacobs, 2010, p. 50).

Nesse sentido, podemos entender os *set-theoretic methods* (também chamados métodos *Booleanos*, métodos lógicos ou métodos dos conjuntos) como uma abordagem extraída da matemática, usada para compreender as relações e estruturas dentro de determinados grupos, avaliando o pertencimento dos casos de uma estrutura de dados em determinados conjuntos (Betarelli Junior; Ferreira, 2018). Conforme dito acima, baseiam-se na teoria dos conjuntos, *para a qual um conjunto é uma coleção de objetos distintos, que podem ser qualquer coisa, desde números a variáveis, passíveis de operação a partir de princípios de lógica*, permitindo a manipulação e análise, de forma rigorosa e sistemática. Por meio deles, os pesquisadores podem investigar sistemas complexos, definir estruturas e estabelecer conexões (Schneider; Wagemann, 2012).

A Análise Qualitativa Comparativa (QCA, da sigla em inglês: *Qualitative Comparative Analysis*) aplica a teoria dos conjuntos e a lógica booleana à melhor tradição dos estudos de caso, como veremos. Para isso, examina casos e ausência ou presença de conjuntos de causas quando o fenômeno de interesse se manifesta, de modo que, com ajuda de operações de união, interseção e negação, observa as configurações causais que podem explicar a ocorrência do fenômeno (Betarelli Junior; Ferreira, 2018). Diferentemente da inferência estatística, que se baseia na álgebra linear, a QCA é baseada na álgebra booleana, a álgebra da lógica e dos conjuntos: trata as categorias científicas sociais como conjuntos e vê os casos em termos de suas múltiplas associações (Ragin, 1998, p. 108).

Em função disso, os *set-theoretic methods* são os mais adequados para eventos permeados pela complexidade causal, devido à sua capacidade de capturar as intrincadas relações e interações entre múltiplas variáveis. Ao representar essas relações como conjuntos e definir operações como interseção e união, tais modelos oferecem uma estrutura abrangente para a análise de sistemas complexos: buscam uma fronteira entre o geral (quanti) e o particular (quali), que ao mesmo tempo possa identificar supostos padrões e testar o poder explicativo de variáveis (Rezende, 2011; Campos, 2017).

Essa abordagem, da qual deriva a ferramenta de pesquisa objeto deste livro, é particularmente valiosa em áreas de pesquisa cuja compreensão das propriedades e das interações dos conjuntos de fenômenos estudados é essencial para resolver problemas, testar hipóteses e para provar teoremas, fornecendo uma maneira de explorar empiricamente conceitos abstratos com precisão e rigor. Isso acontece porque a comparação booleana examina mais detidamente os padrões de causalidade múltipla, oferecendo explicações para cada combinação possível de conjuntos. Não é a frequência da ocorrência do fenômeno de interesse que importa, como analisam as técnicas quantitativas, mas a lógica intrínseca que permite a sua ocorrência em cada configuração (Romme, 1995).

Não é o caso de se desprezar a análise quantitativa, pois o que a Análise Qualitativa Comparativa faz é tentar unir o melhor dos dois mundos em uma pesquisa mais completa. Busca-se, por exemplo, responder a questões de variação geral, tal qual o fazem as pesquisas quantitativas, porém com um universo menor de casos, conforme análises de um único caso ou de poucos casos. Esse tipo de abordagem permite focar na avaliação de padrões complexos de causalidade, examinando as combinações de condições que favoreçem a ocorrência do fenômeno de interesse.

Os princípios booleanos utilizados na Análise Qualitativa Comparativa são simples e facilmente compreensíveis, pois se alinham a princípios lógicos que prevalecem em várias técnicas de pesquisa nas Ciências Sociais, particularmente na pesquisa de estudos de caso. Essa abordagem permite aos investigadores identificar não apenas ligações causais diretas, mas também efeitos indiretos ou emergentes que podem surgir da interação de vários fatores.

Aplicados os princípios booleanos à resolução dos problemas de pesquisa, *os pesquisadores podem identificar com sucesso e eficácia padrões e configurações que levam a resultados específicos*: algo especialmente útil para descobrir explicações causais diferenciadas na pesquisa em Ciências Sociais, quando se trata de analisar pequenos grupos ou conjuntos limitados de ocorrências (Romme, 1995).

Por meio da lógica booleana, a Análise Qualitativa Comparativa (QCA) permite identificar sistematicamente relações complexas entre variáveis, fornecendo informações valiosas sobre mecanismos causais.

E como ela funciona? A partir do conhecimento empírico sobre cada um dos elementos componentes de cada conjunto é possível identificar, entre outras coisas, as eventuais relações entre eles, as distâncias entre cada um e as configurações presentes e ausentes em cada cenário concreto, permitindo visualizar quando cada configuração (subgrupo de componentes) estaria associada ou não a um determinado resultado, independentemente do tamanho do universo de casos estudados.

Quadro 2. Operadores lógicos booleanos básicos

Operação lógica	Operador	Notação	Simbologia
Conjunção	AND (E)	$x\,AND\,y$	$x^*y \rightarrow x \wedge y$
Disjunção	OR (OU)	$x\,OR\,y$	$x{+}y \rightarrow x \vee y$
Negação	NOT (NÃO)	$NOT\,y$	$\sim y$
Causa	IMPLIES (CAUSA)	$x\,IMPLIES\,y$	$x \rightarrow y$

Fonte: elaborado pelos autores para efeitos didáticos.

Os eventos a serem estudados e suas respectivas características podem ser organizados na forma de uma matriz de dados (conjunto), cujos componentes (subconjuntos) são posteriormente submetidos a operações lógicas e matemáticas (hoje também automatizadas por meio de aplicativos e/ou de linguagens de programação), cujos resultados serão expressos a partir dos operadores acima mencionados, a serem posteriormente interpretados pelo(a) pesquisador(a) a partir das relações causais qualitativas (configuracionais) que se pretenda testar. As condições causais não são independentes entre si como na pesquisa quantitativa, mas se combinam na formação de múltiplos subconjuntos e oferecem explicações sobre as configurações empiricamente observáveis (Duşa, 2020).

Esses operadores lógicos booleanos oferecem uma notação simples e conveniente para representar argumentos causais de certa complexidade, que às vezes podem ser confusos em sua formulação natural (Pérez-Liñán, 2010).

Tome-se o seguinte exemplo:

Quadro 3. Eventos e condições causais

Evento	Resultado	Condição 1	Condição 2	Condição 3
Evento 1	Presente	Ausente	Presente	Presente
Evento 2	Ausente	Presente	Ausente	Ausente
Evento 3	Ausente	Ausente	Ausente	Ausente
Evento 4	Presente	Ausente	Presente	Presente
Evento 5	Presente	Presente	Ausente	Ausente

Fonte: elaborado pelos autores para efeitos didáticos.

Para cada um dos eventos estudados (casos) foi anotada a presença ou ausência do resultado esperado, assim como a presença ou ausência das condições, cuja influência se pretende testar. Tal matriz pode ser simplificada, substituindo-se a presença pelo numeral "1" (um) e a ausência pelo numeral "0" (zero), convertendo-se o texto em uma matriz binária (também chamada bruta, dicotômica ou discreta), ora passível de ser submetida aos cálculos da lógica booleana:

Quadro 4. Eventos e condições causais (forma bruta)

Evento	Resultado	Condição 1	Condição 2	Condição 3
Evento 1	1	0	1	1
Evento 2	0	1	0	0
Evento 3	0	0	0	0
Evento 4	1	0	1	1
Evento 5	1	1	0	0

Fonte: elaborado pelos autores para efeitos didáticos.

O cômputo das operações lógicas e dos cálculos matriciais[1] sobre o conjunto de eventos acima descrito e sobre as respectivas configurações, envolvendo a presença e/ou a ausência dos resultados e das condições nos respectivos subconjuntos, seria apresentado (sumarizado) pela lógica dos conjuntos da seguinte maneira:

cond1 * COND2 * COND3 + COND1 * cond2 * COND3

Interpretando-se as informações acima[2], tem-se que, para o conjunto hipotético de cinco eventos comparados, a presença do resultado (1) é explicada a partir da seguinte configuração: a ausência (letras minúsculas) da condição 1 associada à presença (letras maiúsculas) conjunta das condições 2 e 3 OU a presença (letras maiúsculas) da condição 1 associada à ausência (letras minúsculas) da condição 2 e à presença (letras maiúsculas) da condição 3.

Em comum às duas configurações, verifica-se logicamente a *suficiência da presença da condição 3* para a ocorrência concreta do resultado que se está pesquisando:

COND3 → Resultado

Logo, para aquele exemplo hipotético, a utilização de um método da teoria dos conjuntos (em nosso caso, a QCA), mediante a aplicação da lógica booleana à solução do respectivo problema de pesquisa, teria descoberto que *a condição 3 seria suficiente para trazer aquele resultado (causalidade qualitativa ou configuracional), naquele cenário restrito de cinco eventos.*

Nesses termos, oportuna a definição de Marx e Duşa (2011, p. 104, tradução nossa) para quem a QCA é:

---

1. **Não se preocupe!** Tais cálculos e operações lógicas serão feitos por aplicativos computacionais ("*R*", Python, Excel, Tosmana etc.), cabendo ao(à) pesquisador(a) unicamente a tarefa de interpretar logicamente os respectivos produtos (*outputs*). Sobre isso, conferir o capítulo 4 deste livro.

2. **Não se preocupe!** O passo a passo sobre como interpretar os resultados lógicos da Análise Qualitativa Comparativa (QCA) ainda será aprofundado no capítulo 4 deste livro.

[...] uma técnica de pesquisa comparativa orientada por casos, baseada na teoria dos conjuntos e na álgebra booleana, combinando alguns pontos fortes dos métodos de pesquisa qualitativos e quantitativos, desenvolvida para criar modelos explicativos baseados em uma comparação sistemática de um número limitado de casos (N < 100).

E como seria isso num exemplo concreto de pesquisa empírica?

Sandes-Freitas *et al.* (2021) se propuseram a analisar via QCA o resultado eleitoral (sucesso) de candidatos às prefeituras das capitais brasileiras nas eleições municipais de 2020, realizadas em um contexto de pandemia de covid-19, em que os prefeitos tiveram de adotar medidas para minimizar efeitos da crise de saúde pública. Buscou-se explicar o sucesso eleitoral dos prefeitos candidatos à reeleição (ou de seus sucessores) por meio de quatro condições: aprovação do prefeito (C1); grau de restrição das medidas de isolamento social (C2); alinhamento do prefeito com o presidente (C3); e alta taxa de óbitos por covid-19 por 100 mil habitantes (C4). Abaixo segue o resultado da análise das configurações obtidas pelos autores a partir dessas condições e respectivos operadores lógicos:

Resultados – Solução	Casos (cobertos pela solução)
C1{1} * C3{0} * C4{0}	Belo Horizonte, Campo Grande, Palmas, Curitiba, Florianópolis.
+	
C1{1} * C2{0} * C4{0}	Cuiabá, Fortaleza, Curitiba, Florianópolis, Goiânia, Natal.
+	
C1{1} * C2{1} * C3{1} * C4{0}	Aracaju, Boa Vista, Salvador, São Paulo.
+	
C1{1} * C2{2} * C3{2} * C4{0}	Porto Velho.

Fonte: Sandes-Freitas *et al.* (2021).

Conforme os resultados acima, as capitais com prefeitos bem avaliados (a presença da condição C1) e com baixas taxas de óbitos (a ausência da condição C4) elegeram candidatos da situação (reeleitos ou sucessores), ainda que outras configurações também tenham levado ao sucesso eleitoral desses candidatos. Com esse exemplo buscamos demonstrar como funciona a Análise Qualitativa Comparativa (QCA), a partir da aplicação da lógica booleana e suas vantagens na comparação entre casos, nos quais fica evidente a existência de complexidade causal, isto é, mais de uma causa contribuindo para o mesmo resultado.

IMPORTANTE LEMBRAR!

• Ao utilizar uma abordagem de métodos mistos, os responsáveis pela pesquisa são capazes de reunir novos dados ricos e detalhados que podem fornecer *insights* mais profundos e aumentar a profundidade das suas descobertas;

• Entre as ferramentas que se destacam no ambiente dos chamados métodos mistos, que apresentam simultaneamente elementos quantitativos e qualitativos, e principalmente no que diz respeito à necessidade de se realizar pesquisas empíricas comparativas, estão os *set-theoretic methods*: uma abordagem extraída da Matemática e da Filosofia (lógica), usada para compreender as relações e estruturas dentro de determinados grupos, avaliando o pertencimento dos casos a uma estrutura de dados em determinados conjuntos;

• Por meio da lógica booleana, a Análise Qualitativa Comparativa (QCA) permite identificar sistematicamente relações complexas entre variáveis, fornecendo informações valiosas sobre mecanismos causais;

• A QCA é uma técnica de pesquisa comparativa orientada por casos, baseada na teoria dos conjuntos e na álgebra booleana, combinando alguns pontos fortes dos métodos de pesquisa qualitativos e quantitativos, desenvolvida para criar modelos explicativos baseados em uma comparação sistemática de um número limitado de casos (N < 100).

2
Unidades de análise

2.1 *Casing*: transformando fenômenos empíricos em unidades de análise

> Uma decisão crítica para os estudiosos que empregam métodos mistos é determinar quais casos são mais valiosos para a análise comparativa (*within-case*) (Humphreys; Jacobs, 2015, p. 670).

Os cientistas escolhem casos, para estudos de caso ou análise comparativa, selecionando exemplos ou representações específicas que sejam relevantes para a resolução de sua questão de pesquisa. Eles escolhem coisas sobre as quais desejam aprender mais e as estudam de maneira aprofundada. Nessa direção, a QCA une elementos essenciais dos métodos booleanos (*set-theoretic*) e da tradicional ferramenta empírico-qualitativa do estudo de caso, sendo considerada espécie do gênero estudos de caso múltiplo ou comparativo (Gomes; Albuquerque; Silva, 2024). Dessa forma, a escolha das unidades que serão submetidas à análise comparativa booleana submete-se aos mesmos critérios de representatividade aplicados aos estudos de caso, a partir da transformação formal dos fatos ou fenômenos representativos em casos, processo conhecido como *casing*.

Presente na literatura sobre metodologia qualitativa, especialmente naquela que trata de estudos de caso (Ragin, 1992; Gerring, 2004), o termo *casing* trata de um sofisticado procedimento usado em pesquisa qualitativa e quantitativa (assim como nos métodos mistos) para transformar fatos brutos em casos ou unidades de pesquisa gerenciáveis e significativas. Ao organizar sistematicamente os dados em casos, os pesquisadores são capazes de identificar padrões, relações e tendências, e resolver relações problemáticas entre ideias e evidências ou entre teoria e dados. A referida delimitação envolve categorizar informações em unidades distintas, escolhidas com base em critérios relevantes extraídos da literatura sobre o respectivo tema, como dados demográficos, comportamentos ou características. Esse processo de seleção das unidades permite uma análise mais profunda dos dados: os investigadores podem tirar conclusões baseadas em inferências lógicas e tomar decisões baseadas em evidências a partir das informações colhidas individualmente dos casos, bem como da comparação entre as referidas unidades disponíveis.

Casing, assim, é uma técnica de inferência utilizada para criar objetos de estudo, reduzindo artificialmente informações sobre fatos concretos a categorias empíricas representativas de conceitos e de ideias presentes na literatura do tema pesquisado, a serem testadas empiricamente, isto é, a serem postas no confronto entre a teoria e os dados fáticos (Ragin, 1992).

Diferentemente dos experimentos tipicamente quantitativos, em que se trabalha com a totalidade das ocorrências (população) ou se analisa por inferências estatísticas (amostrais), a partir do cálculo de uma fração estatisticamente significativa, composta por ocorrências aleatoriamente identificadas (por sorteio) dentro da população, nos estudos comparativos *set-theoretical*, especialmente os realizados pela QCA, *há uma efetiva participação do(a) pesquisador(a) na definição dos casos componentes da análise*, isto é, há sempre um processo decisório de seleção das ocorrências, explicitamente fundamentado em critérios técnicos.

> Os métodos da teoria dos conjuntos [*set-theoretic*] têm uma grande afinidade com abordagens comparativas orientadas a casos. Como tal, não podem ser vistas apenas como técnicas de análise de dados. Pelo contrário, o processo de escolha e geração de dados é parte integrante das abordagens da teoria dos conjuntos (Schneider; Wagemann, 2012, p. 11, acréscimo nosso).

Sejam quais forem os fatos escolhidos pelo(a) pesquisador(a) para serem os *casos* objeto de sua análise, todos serão tratados, organizados e compreendidos como *partes integrantes de um conjunto*, cujas relações entre os respectivos dados produzem as configurações lógicas potencialmente explicativas do resultado investigado (Ragin, 1992; Betarelli Junior; Ferreira, 2018).

Nesse sentido, *qualquer fato ou conjunto de fatos* (objeto da QCA) pode vir a se tornar um caso: a ideia de caso é procedimental (e por isso não é ontológica), isto é, a sua definição não se dá pela natureza do objeto (necessariamente excludente), mas pela obediência à sequência de procedimentos a serem observados na escolha daquilo que será submetido à análise comparativa (Gomes Neto; Albuquerque; Silva, 2024). Na definição do objeto de pesquisa, deve o investigador estabelecer limites dentro dos quais os casos sejam selecionados: os casos (1) devem ser suficientemente paralelos entre si e (2) devem ser comparáveis ao longo de certas dimensões (Berg-Schlosser; De Meur, 2009).

Os investigadores organizam as suas evidências em casos, a fim de encerrar questões difíceis quanto a conceitos e ao desenho de pesquisa: "A evidência empírica é infinita em sua complexidade, especificidade e contextualidade. *Casing* concentra a atenção em aspectos específicos desse infinito, destacando alguns aspectos como relevantes e obscurecendo outros" (Ragin, 2009a, p. 523). O objetivo é, ao limitar o mundo dos fatos à análise possível por um(a) pesquisador(a), fazê-lo de forma a conectá-lo com ideias teóricas naturalmente gerais, abstratas e imprecisas, dando-lhe forma concreta a partir da apresentação de um objeto referente no mundo empírico.

A definição dos casos que serão investigados não ocorre por amostragem, como na inferência estatística, típico das pesquisas quantitativas, mas pelo critério qualitativo da *representatividade*: o conjunto de casos apresentado é suficiente para representar o fenômeno social que se pretende pesquisar? Não obstante, é importante obedecer à seguinte sequência procedimental:

Quadro 5. Critérios essenciais para a escolha dos casos

Natureza	Identificação	Quem? Qual?
Justificativa	Relevância para a literatura	Por que foi escolhido?
Corte espacial da pesquisa	Delimitação espacial	Onde?
Corte temporal da pesquisa	Delimitação temporal	Quando?

Fonte: Gomes Neto, Albuquerque e Silva (2024).

Toda e qualquer pesquisa empírica comparativa, especialmente a QCA, deverá (1) identificar claramente todas as ocorrências que compõem o conjunto a ser analisado; (2) justificar a escolha dos casos quanto à representatividade dos fatos (casos típicos ou divergentes) que se pretende esclarecer, com a devida justificativa na literatura sobre o tema; (3) delimitar no tempo e no espaço as ocorrências selecionadas para a definição do alcance de seu potencial explicativo causal. Conforme dito acima, a interferência do pesquisador é mais direta e menos isenta na escolha dos casos, pois não se trabalha aqui com critérios de definição da amostra e/ou sorteio de casos, como nas pesquisas quantitativas, mas com todos os casos relevantes do fenômeno de interesse (Ragin, [1987] 2014).

A partir desse procedimento, *uma multiplicidade de fenômenos pode vir a ser objeto de estudos empíricos comparativos*, utilizando-se a ferramenta de pesquisa empírica de que trata este livro, a QCA. Pois, vejamos alguns interessantes exemplos de pesquisas empíricas comparativas e de seus respectivos casos.

Oliveira, Gomes Neto e Barros (2023) estudaram comparativamente os fatores relacionados à existência do foro por prerrogativa de função – o famoso "foro privilegiado" – na América Latina, sendo o respectivo conjunto de unidades de análise composto por cada um dos *países* integrantes do referido bloco regional. Em outro trabalho, Sandes-Freitas *et al.* (2021) analisaram comparativamente os possíveis efeitos das medidas de combate à covid-19 sobre o sucesso eleitoral nas eleições municipais de 2020, ao confrontar 26 *pleitos eleitorais* ocorridos naquele ano nas capitais dos estados brasileiros, conforme apresentamos no capítulo anterior.

Em sua dissertação de mestrado, Barros (2017), ao testar a suposta relação entre níveis de democracia e a frequência de utilização de mecanismos institucionais de democracia direta, comparou 10 *países* da América Latina. Por sua vez, Silame (2021) comparou 14 *mandatos de governadores* para identificar quais fatores estariam relacionados às situações de implementação com sucesso de suas agendas legislativas. Já Barbosa (2022) utilizou QCA com técnica *fuzzy-set* para analisar o empoderamento judicial em países da América Latina com a base de dados do V-DEM (*varieties of democracy*).

Estudando a intervenção militar na Líbia pela Organização do Tratado do Atlântico Norte (Otan), Haesebrouck (2017) examinou as condições associadas a maiores ou menores contribuições financeiras dos estados-membros para a campanha militar. O mesmo Haesebrouck (2018) seguiu lógica similar ao analisar as condições associadas aos ataques aéreos contra o Estado Islâmico perpetrados por democracias ocidentais. Lindemann e Wimmer (2018) examinaram quais condições fazem com que aconteçam conflitos armados em situações de exclusão de grupos étnicos do poder executivo em nível estatal.

Quais conjuntos de condições determinam a efetividade de um regime ambiental internacional? Essa pergunta de pesquisa foi respondida com Análise Qualitativa Comparativa por Breitmeier, Underdal e Young (2011). Rubenzer (2008), por sua vez, examinou quais condições estão presentes quando grupos étnicos identitários conseguem influenciar a política externa estadunidense a respeito de suas terras ancestrais.

Ainda a título de exemplo, Cortez Salinas (2014a) estudou as condições associadas às decisões da Suprema Corte mexicana contrárias ao Poder Executivo, por meio da comparação entre 15 *decisões judiciais colegiadas (acórdãos)*. Já Santos, Pérez-Liñán e García Montero (2014) compararam 30 *mandatos presidenciais* distribuídos entre 13 países da América Latina para explicar quando ocorre o fenômeno do controle presidencial sobre a agenda legislativa. Finalizando essa primeira leva de exemplos, Olavarría Azócar (2023) se propôs a entender o fenômeno dos *governos presidenciais interinos*, estudando as 22 ocorrências desses fatos políticos raros, distribuídas nos países latino-americanos entre os anos de 1980 e 2022.

2.2 Análise comparativa de casos

> Praticamente toda pesquisa social empírica envolve algum tipo de comparação (Ragin, [1987] 2014, p. 1).

A comparação é uma atividade natural do ser humano. Costuma ser o caminho mais fácil para qualquer pessoa, acadêmica ou não, identificar diferenças e semelhanças entre objetos de interesse e entre as pessoas, incluindo a si mesma, permitindo-lhe compreender melhor o mundo ao seu redor (Landman, 2003). Isso funciona melhor ou pior do que aquilo? Este dura mais ou menos do que aquele? Ele é mais ou menos bonito do que eu? Quem é mais alto, ele ou ela? Qual é mais rápido, este ou aquele veículo? É por meio da comparação que percebemos qualidades e avaliamos um determinado objeto de interesse com ajuda de categorias prévias (por exemplo, suas vantagens e desvantagens), comparando-o com outros objetos da mesma classe.

O método comparativo consiste numa estratégia de pesquisa empírica que fornece "[...] uma base para fazer afirmações sobre regularidades empíricas e para avaliar e interpretar casos relativos a critérios substantivos e teóricos" (Ragin, [1987] 2014, p. 1). Essa abordagem tem origem nos métodos de semelhança e diferença de John Stuart Mill e nos desenhos de pesquisa baseados nos sistemas de maior semelhança e maior diferença de Przeworski e Teune (Brady; Collier, 2010).

Elaborar análises comparativas é uma opção tradicional entre os pesquisadores qualitativos nos mais diversos ramos do saber, seja comparando casos ou unidades (Brady; Collier, 2010), desde a comparação entre pacientes que tomaram determinada medicação e outros não submetidos ao tratamento (experimentos), passando pelo confronto entre as reformas administrativas executadas em governos estaduais, até a comparação de eficácia e eficiência entre países democráticos e autocráticos. A comparação entre casos ocupa hoje uma importante posição entre os procedimentos analíticos adotados em pesquisa social qualitativa, especialmente quando o reduzido universo de ocorrências (*small-n*) inviabiliza a utilização de ferramentas inferenciais quantitativas sofisticadas, não apenas para fins descritivos, mas também para a explicação de fenômenos, mediante a realização de testes de hipóteses qualitativos específicos (Pérez-Liñán, 2010).

Não há um limite procedimental para o número de casos que podem ser abordados em uma Análise Qualitativa Comparativa, contanto que seja consensual que se trata de um número pequeno ou intermediário de casos, atendendo ao princípio da parcimônia, para que não haja tantas configurações quanto casos. "Um bom equilíbrio entre o número de casos e o número de condições não é meramente uma questão numérica, vem da tentativa e erro. Uma prática comum com um *n* intermediário (10 a 40 casos) seria entre 4 e 6-7 condições causais" (Berg-Schlosser; De Meur, 2009). A grande vantagem, ao ampliar o número de casos para além do estudo de caso tradicional, é a possibilidade de estender as características analíticas dessa técnica para examinar um número maior de casos sem prejuízo do poder analítico, além das vantagens de aprender mais sobre determinado fenômeno de interesse ao comparar algumas ocorrências dele (Rihoux, 2008), visto que as comparações fornecem elementos para identificar regularidades empíricas e avaliar e interpretar os casos de acordo com os critérios substantivos presentes, devidamente extraídos da teoria (Ragin, [1987] 2014).

O método comparativo mostra-se uma alternativa viável para desenhos de pesquisa que lidam com situações nas quais não seja possível ou adequado utilizar experimentos (o que exclui a aleatoriedade dos casos e o controle das condições) para a produção de inferências sobre o objeto, voltando-se os pesquisadores para a tarefa de produzir teorias e modelos a partir de diversas configurações empíricas (Rezende, 2023).

Por meio da comparação, os pesquisadores também tentam superar as limitações dos instrumentos qualitativos de investigação e testar empiricamente explicações causais baseadas em observações de múltiplos casos, aprofundando-se na diversidade de relações causais previstas na literatura e ganhando maior poder explicativo, no cenário de um número reduzido de casos (Rezende, 2011). Regularidades empíricas são identificadas em relação aos respectivos contextos e conjunturas, estes últimos expressados por meio das condições encontradas e de suas respectivas configurações (Ragin, [1987] 2014). Além disso, a comparação serve "ao desenvolvimento de tipologias e estruturas conceituais; [...] ao objetivo de gerar maior compreensão das relações entre variáveis" (Rezende, 2022b, p. 64), porque oferece "a possibilidade de combinar o conhecimento aprofundado de alguns casos com a formulação rigorosa de explicações causais" (Pérez-Liñán, 2023, p. 39).

Comparar, por exemplo, o que acontece quando diferentes países, pelas suas próprias razões e contextos particulares, modificam suas instituições, entre as quais, por exemplo, constituições ou sistemas partidários, *fornece informações úteis sobre as prováveis consequências em diferentes ordens políticas e pode ser um substituto útil para os experimentos quantitativos* (Peters, 2013).

Em essência, comparar casos nos permite identificar diferenças e similaridades entre eles, possibilitando classificá-los e/ou ordená-los de forma a testar ou desenvolver teorias com capacidade de explicá-los. A análise comparativa é crucial na pesquisa em Ciências Sociais, pois permite aos pesquisadores examinar semelhanças e diferenças entre diferentes unidades de análise (por exemplo, culturas, sociedades ou períodos de tempo), com o objetivo de produzir inferências sobre o objeto de pesquisa, a partir de informações oriundas da comparação entre os casos (Landman, 2003).

Ao comparar vários casos ou variáveis, os investigadores podem identificar padrões, relações e tendências que podem não ser aparentes quando se analisam casos individuais isoladamente. Entretanto, "[...] somente através do uso consciente e sistemático de princípios lógicos podemos garantir maior credibilidade da inferência causal baseada no método comparativo" (Pérez-Liñán, 2010, p. 147), uma vez que os métodos comparativos são um caminho para se identificar relações empíricas entre variáveis e não ferramentas de medição dos fenômenos (Lijphart, 1971). Nessa direção, permite que os cientistas sociais façam afirmações mais precisas e generalizáveis sobre o comportamento humano, as estruturas sociais e as instituições.

Além disso, a análise comparativa promove uma compreensão mais profunda da complexidade dos fenômenos sociais, destacando os fatores contextuais que os moldam, abrindo novos caminhos para o desenvolvimento teórico e testes empíricos. Em última instância, a realização de comparações na investigação em Ciências Sociais aumenta a qualidade e a validade dos resultados e contribui para o avanço do conhecimento em uma área de estudo.

2.3 Pesquisas *small-n*: explicações causais conjunturais e generalizações mitigadas

> Aqueles que procuram generalizações mais universais devem utilizar métodos diferentes daqueles que procuram níveis de explicação contextualmente mais específicos (Landman, 2003, p. 23).

Definidos os casos que farão parte de sua pesquisa e as condições para a comparação entre eles, são extraídas as respectivas informações, a serem interpretadas a partir de seu *pertencimento ao conjunto*[3] e aos subconjuntos, mediante emprego da lógica booleana. Os dados sobre os

---

3. Estabelecer os escores de pertencimento é crucial. O processo de usar informação empírica para estabelecer o grau de pertencimento de um caso a um conjunto é chamado de calibragem. Calibrar requer: (a) definição clara do universo relevante de casos; (b) definição precisa do significado dos conceitos (condição e resultado); (c) decidir o limiar de pertencimento (inclusão/exclusão, algo perto de 0,5); (d) decisão na definição de total pertencimento (1) e total não pertencimento (0); (e) decisão sobre a classificação do pertencimento entre os parâmetros qualitativos (Schneider; Wagemann, 2013). É importante ressaltar que a base da calibragem está na combinação de conhecimento teórico e evidência empírica (Ragin, 2000 *apud* Schneider; Wagemann, 2012).

casos, então, são traduzidos num conjunto de variáveis booleanas, passando assim a base epistemológica do estudo para uma *causalidade conjuntural múltipla* (Rihoux; Grim, 2006a). Os estudos comparativos procuram fazer previsões sobre resultados em outros casos com base nas generalizações da comparação inicial (conjunto original de casos) ou fazer afirmações sobre resultados futuros, como uma extensão lógica qualitativa do tradicional teste de hipóteses (Landman, 2003).

> **E o que isso significa no ambiente dos estudos comparativos que empregam a técnica objeto deste livro?**

A QCA é um método valioso para investigar a causalidade em sistemas complexos, oferecendo uma forma estruturada de analisar a *contribuição causal de diferentes condições para que ocorra um resultado*. Ela sai da lógica inferencial quantitativa (o aumento de uma unidade em uma variável independente causa um determinado impacto numa variável dependente) e entra na lógica configuracional, em que diferentes condições causais podem aparecer juntas para produzir o resultado. É particularmente útil em contextos em que as intervenções são complexas e o papel do contexto é significativo (Pérez-Liñán, 2010). Absorve a ideia de *complexidade causal* e, ao reconhecer múltiplos caminhos para os resultados, fornece uma compreensão diferenciada da causalidade, essencial para muitos setores, por exemplo, a elaboração de políticas públicas eficazes baseadas em evidências concretas.

Sua origem está na necessidade de empregar uma técnica formal de análise para uma quantidade pequena de casos, tão pequena que inviabilizaria o uso de alguma técnica estatística, porém não dispensaria um método formal para comparar rigorosamente esses casos (Fiss, 2010). Desse modo, seria possível identificar condições causais e evitar o problema das correlações espúrias, eventualmente presentes em análises estatísticas.

Ao examinar como diferentes aspectos se interligam e influenciam uns aos outros dentro de um determinado cenário, os pesquisadores podem obter uma compreensão mais matizada dos processos dinâmicos em jogo. A técnica permite uma análise mais abrangente que leva em conta a natureza multifacetada dos fenômenos sociais, oferecendo *insights* que vão além dos tradicionais modelos lineares de causa e efeito: por utilizar a causalidade conjuntural, os estudos comparativos podem revelar camadas mais profundas de significado e fornecer perspectivas valiosas sobre questões sociais complexas, não observadas por tradicionais técnicas qualitativas ou quantitativas.

Aplicando a perspectiva da teoria dos conjuntos aos fenômenos sociais, a QCA busca identificar padrões complexos de causalidade, a partir de três elementos lógicos fundamentais, inerentes à lógica dos conjuntos: *equifinalidade, causalidade conjuntural e assimetria.*

Há *equifinalidade* quando se tem um cenário em que fatores alternativos podem produzir o mesmo resultado. A QCA aborda a complexidade causal explorando as relações entre condições e resultados para identificar condições *necessárias e suficientes* para que um resultado ocorra e possa revelar múltiplos caminhos causais: diferentes combinações de condições podem levar ao mesmo resultado, reconhecendo que a causalidade dos fenômenos sociais *não é linear, mas conjuntural* (Hanckel *et al.*, 2021; Schneider; Wagemann, 2012).

> A equifinalidade está diretamente associada ao problema da causação múltipla. Diferentes processos causais podem produzir resultados similares no comportamento da variável dependente por diferentes caminhos ou trajetórias. A equifinalidade importa de modo decisivo para a análise dos fenômenos políticos, dado que estes são sensíveis ao contexto, aos agentes, às instituições, aos processos históricos, e à agência (humana ou não humana) (Rezende, 2011, p. 318).

A *causalidade conjuntural* prevê que o efeito de uma única condição se desenvolve apenas em combinação com outras condições precisamente especificadas. Refere-se à compreensão de que os fenômenos sociais são moldados por uma combinação de vários fatores em interação, e não por variáveis isoladas. A causalidade conjuntural enfatiza a complexidade e a interligação de diferentes elementos dentro de um contexto ou conjunto específico, rejeitando relações causais simplistas e, em vez disso, investigando a intrincada rede de relações entre múltiplos fatores (Schneider; Wagemann, 2012). Aqui, é importante compreender como as múltiplas causas se combinam formando diferentes conjuntos de resultados, permitindo ao(à) pesquisador(a) identificar a conjuntura na qual eles ocorrem e como isso contribui para o resultado observado (Fiss, 2010).

Por fim, a *assimetria* é composta por dois subelementos: (1) um papel causal atribuído a uma condição refere-se sempre a apenas um entre dois estados qualitativos – presença ou ausência da condição e (2) qualquer solução possível refere-se sempre a apenas um entre dois estados qualitativos, presença ou ausência, em que um resultado pode ser encontrado (Schneider; Wagemann, 2012).

Quadro 6. Elementos da causalidade complexa na Análise Qualitativa Comparativa (QCA)

Equifinalidade	Diferentes combinações de condições podem levar ao mesmo resultado.
Causalidade conjuntural	Combinações entre várias condições (presentes ou ausentes) podem levar à presença ou à ausência do resultado.
Assimetria	A presença ou a ausência da condição refere-se à presença ou à ausência do resultado.

Fonte: elaborado pelos autores, com base em Schneider e Wagemann (2012).

Desse modo, a QCA implementa uma noção de causalidade específica para aquele contexto – complexidade causal ou causalidade contextual – para a qual uma condição causal pode ter efeitos opostos dependendo do contexto, ou seja, a análise volta-se para determinar o número e as características dos diferentes modelos causais, isto é, suas configurações possíveis, que existem entre casos comparáveis naquele respectivo estudo (Ragin, [1987] 2014).

Como entender isso numa situação de pesquisa?

Retomemos o exemplo hipotético de pesquisa qualitativa comparativa apresentado no item anterior:

Quadro 7. Exemplo hipotético

Evento	Resultado	Condição 1	Condição 2	Condição 3
Evento 1	1	0	1	1
Evento 2	0	1	0	0
Evento 3	0	0	0	0
Evento 4	1	0	1	1
Evento 5	1	1	0	0

Fonte: elaborado pelos autores para efeitos didáticos.

Nessa pesquisa hipotética foram analisados 5 eventos nos quais foram verificadas a presença ou ausência de 1 resultado e de 3 possíveis condições. Após a análise foram encontradas 2 configurações (combinações de condições) para ocorrência do resultado, ou seja, duas diferentes combinações de condições conseguiram chegar ao mesmo resultado (emerge então a *equifinalidade*):

$$cond1 * COND2 * COND3 + COND1 * cond2 * COND3$$

Tal expressão da lógica booleana significa que é possível observar o resultado analisado nas seguintes configurações:

Condição 1 – ausente. Condições 2 e 3 – presentes	**OU**	Condição 2 – ausente. Condições 1 e 3 – presentes

A *causalidade conjuntural*, por sua vez, está presente na forma como as diferentes condições, presentes ou ausentes, combinam-se naquela situação hipotética em configurações lógicas para determinar a presença ou a ausência do resultado. Finalmente, há *assimetria lógica*, pois a ausência ou a presença de uma condição está relacionada à ausência ou à presença do resultado analisado.

> **É possível, então, estabelecer generalizações a partir dessas relações causais conjunturais?**

Questiona-se o poder de generalização dos estudos *small-n* na medida em que os resultados de um estudo conduzido num pequeno número de casos (N < 100) poderia (ou não) ser generalizado para uma população maior. Embora pesquisas envolvendo pequenos conjuntos possam produzir resultados ricos, detalhados e específicos dentro do contexto pesquisado, sua capacidade de generalização em relação a populações maiores existe concretamente, *mas é limitada*, também denominada modesta, mitigada ou contingente.

> A noção de generalização modesta permite diferentes calibrações de casos e identificação de diferentes caminhos causais, dependendo de diferentes questões de pesquisa, localidades e períodos de tempo (Betarelli Junior; Ferreira, 2018, p. 32).

Isso levanta questões sobre a validade externa dos resultados e até que ponto eles podem ser aplicados a outros contextos. As análises dos casos nos modelos *small-n* permitem que os pesquisadores lidem com a situação de causalidade complexa: pesquisadores qualitativos, desse modo, passam a ter critérios metodológicos sólidos para analisar um número limitado de casos e considerar seus resultados suficientemente representativos para a construção de uma generalização mitigada (Rezende, 2011). Nessa direção, a comparação entre casos e as generalizações que resultam dessa comparação permitem aos pesquisadores antecipar resultados prováveis, ainda que incertos, em outros casos não incluídos na comparação original, ou que venham a aparecer no futuro, dada a verificação da presença da mesma configuração de fatores antecedentes (Landman, 2003).

Qualquer pesquisa de natureza comparativa terá que lidar necessariamente com o *trade-off* entre as virtudes epistemológicas (1) da complexidade e (2) da generalização, pois quanto maior for uma menor será a outra, devendo o pesquisador compreender, em cada situação, as contribuições de cada uma delas (Peters, 2013). Como não empregam análises estatísticas e focam em um pequeno número de casos, são bastante úteis para "explorar uma gama limitada de países ou eventos no mesmo país, para efeitos de formulação de generalizações teóricas de âmbito limitado" (Pérez-Liñán, 2010, p. 55).

Embora os estudos *small-n* possam ter limitações em termos de generalização, a sua ênfase na profundidade, na riqueza de detalhes e na especificidade do contexto pode fornecer informações valiosas que estudos quantitativos em grandes populações não conseguem.

Ao selecionar cuidadosamente os casos por representatividade em relação à teoria e conduzindo estudos de caso comparativos, os investigadores podem aumentar a amplitude da generalização sobre suas descobertas e contribuir para uma compreensão maior de fenômenos complexos. No entanto, essa compreensão aprofundada provê uma importante limitação, qual seja, a dificuldade de generalizar os achados para outros casos e contextos, decorrente da "forte dependência das condições contextuais" (Rezende, 2014, p. 67) nas quais ocorre cada caso.

Estudos comparativos podem identificar padrões ou semelhanças entre casos que podem ajudar a fortalecer a generalização das suas descobertas em relação ao objeto de estudo, independentemente do tamanho de sua população. A estratégia da QCA, nesse sentido, deve ser *(1) holística* – para que os próprios casos não sejam esquecidos na investigação – e *(2) analítica* – para que os conjuntos de casos possam ser compreendidos em seus contextos, de modo a permitir generalizações mitigadas (Ragin, [1987] 2014).

Adverte Rezende (2023), com propriedade, que a confiabilidade das inferências produzidas a partir de estudos comparativos é dependente da construção de desenhos de pesquisa que "[...] envolvem decisões relativas à articulação entre problematização, a teoria e as estratégias empíricas para produzir explicações causais relevantes e válidas [...]", pois quando ausente "[...] uma reflexão mais acurada sobre as engrenagens analíticas, a escolha das estratégias de identificação torna-se pouco confiável, especialmente com dados não experimentais [...]" (Rezende, 2023, p. 69).

Embora produza generalizações mitigadas, a investigação sobre conjuntos *small-n*, mediante instrumentos comparativos, proporciona um complemento valioso à investigação em grande escala, fornecendo conhecimentos detalhados que podem informar o desenvolvimento da teoria e contribuir para uma compreensão mais profunda do mundo social.

IMPORTANTE LEMBRAR!

• A definição dos casos que serão investigados não ocorre por inferência estatística (amostragem), mas pelo critério qualitativo da *representatividade* (o conjunto de casos apresentado é suficiente para representar o fenômeno social que se pretende pesquisar?);

• Toda e qualquer pesquisa empírica comparativa, especialmente a QCA, deverá (1) identificar claramente todas as ocorrências que compõem o conjunto a ser analisado; (2) justificar a escolha dos casos quanto à representatividade dos fatos (casos típicos ou divergentes) que se pretende esclarecer, com a devida justificativa na literatura sobre o tema; (3) delimitar no tempo e no espaço as ocorrências selecionadas para a definição do alcance de seu potencial explicativo causal;

• Deve o investigador estabelecer limites dentro dos quais os casos sejam selecionados: os casos (1) devem ser suficientemente paralelos entre si e (2) devem ser comparáveis ao longo de certas dimensões;

• A QCA é um método valioso para investigar a causalidade em sistemas complexos, oferecendo uma forma estruturada de analisar a *contribuição causal de diferentes condições para que aconteça um resultado*. É particularmente útil em contextos em que as intervenções são complexas e o papel do contexto é significativo;

• Absorve a ideia de *complexidade causal (causalidade conjuntural)*, ao reconhecer múltiplos caminhos para os resultados, fornecendo uma compreensão diferenciada de causalidade;

• A despeito de produzir *generalizações mitigadas*, a investigação sobre conjuntos *small-n*, mediante instrumentos comparativos como a QCA, proporciona um complemento valioso à investigação em grande escala, fornecendo conhecimentos detalhados que podem informar o desenvolvimento da teoria e contribuir para uma compreensão mais profunda do mundo social;

• A estratégia da QCA, nesse sentido, deve ser *(1) holística* – para que os próprios casos não sejam esquecidos na investigação – e *(2) analítica* – para que os conjuntos de casos possam ser compreendidos em seus contextos, de modo a permitir generalizações mitigadas.

3
Análise Qualitativa Comparativa: atividades preparatórias

3.1 Seleção de casos e de resultados

> Comencemos por la pregunta fundamental en todo análisis de política comparada. El fenómeno de interés, ¿constituye 'un caso de qué'? (Pérez-Liñán, 2008, p. 107).

O fenômeno de interesse é um caso de quê? Compreendidas as principais questões conceituais que envolvem a realização das Análises Comparativas Qualitativas (QCA), surge então a necessidade de planejar tarefas e de tomar medidas preparatórias para a elaboração de sua pesquisa. A primeira delas é *identificar qual o resultado de interesse*, isto é, o fenômeno concreto que você quer explicar e que será objeto de análise comparativa e os respectivos casos que dele são representativos, ou seja, as unidades de análise do seu desenho de pesquisa (Pérez-Liñán, 2008).

A comparação das semelhanças e das diferenças encontradas visa a descobrir o que é comum a cada caso para que se possa explicar o resultado relevante observado (Landman, 2003). Assim, o ponto de partida para qualquer estudo dessa natureza é sempre um fato já ocorrido, mais precisamente o conjunto de ocorrências em que se pode observar a presença ou a ausência de determinado fenômeno relevante para a teoria sobre o tema pesquisado. Busca-se encontrar, portanto, as causas para determinado resultado, qual conjunto de condições está presente na ocorrência do resultado de interesse. É uma perspectiva diferente dos estudos experimentais, normalmente utilizando técnicas quantitativas, que procuram, por meio da identificação de padrões e regularidades estatísticas, a ocorrência de resultados para as causas de interesse. Assim:

• **Experimentos: buscam encontrar resultados para as causas;** • **QCA: busca encontrar causas para os resultados.**

Fonte: elaborado pelos autores para efeitos didáticos.

Assim, busca-se nas ocorrências identificar as condições presentes e/ou ausentes para se obter por meio da lógica booleana quais as configurações que contribuem para a verificação do resultado, identificando a causalidade conjuntural da qual tratamos no capítulo anterior. *E como seria isso na sua pesquisa comparativa qualitativa?*

Partindo do mesmo procedimento apresentado anteriormente, a sua tarefa seria composta pela seguinte sequência de atos: (1) identificar qual seria o resultado de interesse a partir de seu problema de pesquisa; (2) encontrar os casos representativos de seu objeto de estudo, isto é, aquele conjunto de ocorrências em que, com base na respectiva literatura, o resultado poderia, ou não, ocorrer[4]; (3) colher em cada caso as informações necessárias para identificar se, naquele caso, o resultado ocorreu ou não. Vejamos mais uma vez o exemplo hipotético de pesquisa qualitativa comparativa apresentado no item anterior:

Quadro 8. Exemplo hipotético

Evento	Resultado
Evento 1	Sim (1)
Evento 2	Não (0)
Evento 3	Não (0)
Evento 4	Sim (1)
Evento 5	Sim (1)

Fonte: elaborado pelos autores para efeitos didáticos.

---

4. É importante ressaltar que o resultado precisa variar, desde a ocorrência até a não ocorrência; do contrário, deixa de ter variabilidade e se torna uma constante, inviabilizando o modelo analítico pela ausência do contrafactual (quando as demais condições estão presentes, mas o resultado não).

Nessa pesquisa hipotética acima foram analisados 5 eventos componentes do conjunto de casos em que o resultado ocorre (1) e não ocorre (0), nos quais foi verificada a presença e ausência do resultado de interesse (efetivamente extraído do problema de pesquisa). A categoria "resultado", então, poderia ser preenchida por uma infinidade de fatos, desde que relevantes para o respectivo campo de conhecimento, o que se pode ver a título de ilustração: a adesão (ou não) a um tratado internacional; a votação (ou não) a favor do governo; a concessão (ou não) de uma liminar; a aprovação (ou não) de um conjunto de medidas provisórias etc.

Observe-se, no mesmo sentido, o exemplo hipotético apresentado por Pérez-Liñán (2023): numa pesquisa que tivesse por objeto compreender a remoção de presidentes pelos processos de *impeachment* na América Latina (*resultado de interesse*), o(a) pesquisador(a) buscaria os poucos casos (*unidades de análise*) em que esse resultado poderia ter ocorrido nos últimos trinta anos, isto é, aqueles processos cuja tramitação foi autorizada pelo respectivo Congresso Nacional, a saber:

Quadro 9. Pesquisa sobre *impeachment*

Casos/Presidentes (país, ano)	Resultado (Remoção?)
Rousseff (Brasil, 2016)	Sim (1)
Pérez (Venezuela, 1993)	Sim (1)
Bucaram (Equador, 1997)	Sim (1)
Lugo (Paraguai, 2012)	Sim (1)
Temer (Brasil, 2017)	Não (0)
Samper (Colômbia, 1994)	Não (0)
Correa (Equador, 2009)	Não (0)

Fonte: elaborado pelos autores com base em Pérez-Liñán (2023).

Desse modo, entre os casos integrantes do conjunto a ser estudado no exemplo hipotético acima, a investigação proposta poderia comparar aqueles em que houve a remoção em relação aos outros em que esta situação não ocorreu, a partir da verificação em cada uma das ocorrências da presença ou ausência das mesmas condições, a serem introduzidas no momento imediatamente posterior (cf. o próximo capítulo), produzindo por meio da lógica dos conjuntos as configurações conjunturais relacionadas à presença e à ausência do respectivo resultado de interesse.

Vejamos outra demonstração, dessa vez a partir do estudo comparativo efetivamente realizado por Oliveira, Gomes Neto e Barros (2023) sobre as condições que contribuem para a existência do foro por prerrogativa de função – o chamado *"foro privilegiado"* – nos países da América Latina. Trata-se da previsão constitucional para que políticos e outras autoridades públicas somente sejam processados e julgados criminalmente por tribunais superiores ou por tribunais específicos (*resultado de interesse*), conforme conteúdo das constituições de 24 países latino-americanos (*unidades de análise*). Com efeito:

Quadro 10. Pesquisa sobre foro privilegiado na América Latina

País	Previsão do foro privilegiado (resultado)	Norma constitucional
Argentina	Sim (1)	Art. 166
Bolívia	Sim (1)	Art. 184, "4"
Brasil	Sim (1)	Art. 102, "b", "c"
Chile	Não (0)	-
Colômbia	Sim (1)	Art. 235
Costa Rica	Sim (1)	Art. 121, "9"
Dominica	Não (0)	-
República Dominicana	Sim (1)	Art. 154
Equador	Sim (1)	Art. 431
El Salvador	Sim (1)	Art. 182
Granada	Não (0)	-
Guatemala	Não (0)	-
Guiana	Não (0)	-
Haiti	Não (0)	-
Honduras	Sim (1)	Art. 313
Jamaica	Não (0)	-
México	Sim (1)	Art. 111
Nicarágua	Sim (1)	Art. 130
Panamá	Sim (1)	Art. 142, 155, 160
Paraguai	Não (0)	-
Peru	Sim (1)	Art. 93, 99
Suriname	Sim (1)	Art. 140
Uruguai	Não (0)	-
Venezuela	Sim (1)	Art. 266

Fonte: elaborado pelos autores, com base em Oliveira, Gomes Neto e Barros (2023).

Da mesma forma que na hipótese anterior, os casos integrantes do conjunto de países comparados a partir de suas constituições confrontam aqueles em que houve a previsão constitucional do foro privilegiado em relação aos outros em que esta não esteve presente, submetidos à checagem em cada um dos casos acerca da presença ou ausência das mesmas condições, de modo a obter as configurações relacionadas à presença e/ou ausência do respectivo resultado de interesse, alusiva a privilégios institucionais de uma casta política e à existência de um sentimento disseminado de impunidade (Oliveira; Gomes Neto; Barros, 2023).

Veja-se, ainda, o estudo comparativo feito por Sandes-Freitas *et al.* (2021), no qual buscaram compreender as circunstâncias relacionadas ao sucesso eleitoral (reeleição ou eleição de sucessor) em tempos de pandemia (*resultado de interesse*), pelo que colheram dados sobre as eleições municipais ocorridas nas 26 capitais dos estados brasileiros durante o pleito eleitoral de 2020 (*unidades de análise*).

Fazer uma codificação meticulosa dos dados (extraindo de cada caso as informações que bem representam o resultado de interesse) é essencial para garantir comparações precisas entre os casos. No geral, um processo bem executado de identificação de resultados para QCA em investigação qualitativa requer atenção aos detalhes, rigor metodológico e uma compreensão abrangente da complexa interação dos fatores que traduzem a presença ou ausência do resultado esperado. *Esse é o primeiro passo preparatório para realização de uma QCA.*

3.2 Seleção de condições

> Estas abordagens também são caracterizadas pela distinção sistemática entre condições necessárias e suficientes, o que motiva uma conceituação teórica das relações causais mais rica do que aquela comumente expressa na literatura quantitativa (Pérez-Liñán, 2023, p. 55).

Que conjunturas favorecem a ocorrência do fenômeno? Quais condições estiveram presentes ou ausentes na ocorrência do resultado? Para a resolução de questões dessa natureza em Análise Qualitativa Comparativa (QCA), é importante identificar na literatura o grupo de condições provavelmente relacionadas ao resultado que se está estudando, para testar a referida relação no ambiente do conjunto de ocorrências separado no capítulo anterior.

É possível realizar três estratégias comparativas para formular hipóteses ou testá-las em ambientes com poucos casos (*small-n*): (1) comparação de casos com resultados semelhantes (ideal para identificar condições necessárias); (2) comparação de casos com resultados diferentes (útil para estabelecer condições necessárias ou suficientes); e (3) a Análise Qualitativa Comparativa (QCA), que além das funções anteriores, é destinada a identificar, a partir das condições apresentadas, combinações de fatores que possam garantir um dado resultado (Pérez-Liñán, 2023).

Diferentemente das análises quantitativas, que buscam testar relações matemáticas isoladas[5] entre as variáveis independentes (regressores) e a variável dependente (resposta), a QCA dedica-se a comparar logicamente resultados e condições, buscando verificar a possível existência de configurações conjunturais que possam explicar os resultados (Betarelli Junior; Ferreira, 2018). A verdadeira expectativa ao se realizar uma QCA é que conjunções lógicas de condições – e não variáveis isoladas ou em combinações aditivas – sejam causalmente relevantes para produzir o resultado (Grofman; Schneider, 2009).

O que poderia explicar o resultado?

Tais condições serão baseadas em afirmações retiradas da literatura sobre o tema, com fundamento em sólidas teorias e/ou em descobertas empíricas anteriores, a serem testadas como componentes das conjunturas causais que favoreçam a ocorrência do resultado de interesse (Schneider; Wagemann, 2012; Betarelli Junior; Ferreira, 2018).

É importante saber distinguir a natureza das informações que compõem cada uma das condições utilizadas na análise comparativa (Levin; Fox; Forde, 2014; Gomes Neto; Barbosa; Paula Filho, 2023), pois isso será relevante para a escolha da ferramenta adequada no momento de se realizar uma QCA. As condições podem ser: (1) *qualitativas categóricas (nominais)*, quando as informações se referem exclusivamente à presença ou

---

5. Exceto em casos de utilização de análise fatorial e termos interativos, em que se combinam matematicamente mais de uma variável para estimar os seus efeitos em um fator ou termo interativo.

à ausência de uma categoria, sendo anotadas de forma binária (dicotômica ou discreta), atribuindo-se o valor 1 para a presença da categoria e valor 0 para sua ausência; (2) *qualitativas ordinais*, quando os valores atribuídos (números) representam uma posição numa ordem convencional pré-selecionada (exemplo, primeiro, segundo; satisfeito, pouco satisfeito, insatisfeito etc.); (3) *quantitativas contínuas ou escalares*, quando os valores informados representam meras contagens de ocorrências ou posições em escalas numéricas (exemplo, quilos, graus Celsius, metros quadrados etc.).

Quadro 11. Natureza das condições[6]

Condições	Natureza	Preenchimento dos dados	Ferramenta adequada
Qualitativas categóricas (nominais)	Informações se referem exclusivamente à presença ou à ausência de uma categoria.	Matriz binária (dicotômica): valor 1 para a presença e valor 0 para a ausência.	csQCA
Qualitativas ordinais	Valores atribuídos (números) representam uma posição numa ordem convencional ou diversas posições dentro de uma mesma categoria.	Números equivalentes às posições identificadas na respectiva ordem ou a cada divisão da categoria.	mvQCA
Quantitativas contínuas ou escalares	Valores informados representam meras contagens de ocorrências ou posições em escalas numéricas.	Números absolutos correspondentes à contagem ou à medição feita ao longo da escala, padronizados e distribuídos entre 0 e 1.	fsQCA

Fonte: elaborado pelos autores para efeitos didáticos.

Enquanto os estudos quantitativos geralmente formulam inferências empíricas, testando suas hipóteses como correlações e/ou associações

---

6. Para conjuntos em que os casos são diferenciados apenas qualitativamente (pertencimento ou não pertencimento), aplica-se a *crisp-set* QCA (csQCA) ou a técnica *multi-value* QCA (mvQCA); quando, além da diferença qualitativa, há a gradação do pertencimento dos casos nos subconjuntos qualitativos, emprega-se a *fuzzy-set* QCA (fsQCA) (Betarelli Junior; Ferreira, 2018, p. 7).

entre duas variáveis e explicando matematicamente a direção da relação causal, as Análises Comparativas Qualitativas (QCA) buscam encontrar logicamente associações assimétricas entre condições e resultados (configurações conjunturais), derivadas de relações de *necessidade ou suficiência* (Pérez-Liñán, 2023). Experimentos que empregam ferramentas estatísticas – por exemplo, a regressão logística – por natureza *permanecem insensíveis às diferenças entre necessidade e suficiência*, no que pertine aos fatores que levam ao esclarecimento dos resultados de interesse (Grofman; Schneider, 2009).

Uma condição pode ser considerada *suficiente* se, sempre que estiver presente em todos os casos, o resultado também estiver presente nesses casos: *não deve haver um único caso que mostre a condição, mas não o resultado*; por outro lado, será considerada *necessária* se, sempre que o resultado estiver presente, a condição também estiver presente: *o resultado não pode ser alcançado sem a condição* (Schneider; Wagemann, 2012). Nesse sentido, as condições identificadas na pesquisa serão avaliadas em relação ao conjunto de ocorrências, seja quanto à *necessidade* da condição (*antecedentes compartilhados entre os casos*), seja quanto à *suficiência* da condição (*resultados compartilhados entre os casos*), a partir das configurações lógicas que, no ambiente do conjunto analisado (ocorrências), explicam o resultado de interesse (Ragin, [1987] 2014).

(1) Uma *condição X é necessária* (←) para um resultado Y
se X também for dado sempre que Y for dado
(ou seja, Y implica X; Y é um subconjunto de X).
(2) Uma condição *X é suficiente* (→) para um resultado Y
se Y também ocorre sempre que X ocorre
(ou seja, X implica Y; além disso, X é um subconjunto de Y).

Fonte: elaborado pelos autores e baseado em Thomann e Maggetti (2020, p. 360).

Quando um argumento causal cita uma combinação de condições, ele se preocupa com a sua intersecção. É a intersecção de um conjunto de condições no tempo e no espaço que produz muitas das mudanças qualitativas de grande escala, bem como muitos dos eventos de pequena escala, que interessam aos cientistas sociais, e não os efeitos separados ou independentes dessas condições (Ragin, [1987] 2014, p. 25).

Para efeito de ilustração, retoma-se o exemplo hipotético apresentado por Pérez-Liñán (2023) sobre uma suposta pesquisa que tivesse por objeto compreender a remoção de presidentes pelos processos de *impeachment* na América Latina. Partindo da literatura latino-americana sobre partidos políticos e sobre eleições, traz as seguintes condições testáveis, que poderiam em tese contribuir para o resultado "remoção", nos processos de impedimento de presidentes: (a) partido pequeno (menor do que 40% de representação no Parlamento); (b) ser um governante alinhado aos partidos de esquerda; (c) existência de escândalos relacionados ao governo; e (d) ocorrência de protestos massivos contra o governo. Assim ficariam registrados os dados, a partir da adição das condições:

Quadro 12. Pesquisa sobre *impeachment*

Casos/Presidentes (país, ano)	Resultado (Remoção?)	Partido pequeno (< 40%)	Esquerda	Escândalos	Protestos massivos
Rousseff (Brasil, 2016)	Sim (1)	Sim (1)	Sim (1)	Sim (1)	Sim (1)
Pérez (Venezuela, 1993)	Sim (1)	Não (0)	Não (0)	Sim (1)	Sim (1)
Bucaram (Equador, 1997)	Sim (1)	Sim (1)	Não (0)	Sim (1)	Sim (1)
Lugo (Paraguai, 2012)	Sim (1)	Sim (1)	Sim (1)	Não (0)	Não (0)
Temer (Brasil, 2017)	Não (0)	Sim (1)	Não (0)	Sim (1)	Não (0)
Samper (Colômbia, 1994)	Não (0)	Não (0)	Não (0)	Sim (1)	Não (0)
Correa (Equador, 2009)	Não (0)	Não (0)	Sim (1)	Sim (1)	Não (0)

Fonte: elaborado pelos autores, com base em Pérez-Liñán (2023).

Preenchida a matriz de dados acima, as respostas seriam posteriormente substituídas por suas representações numéricas, binárias nessa situação, equivalente à presença ou à ausência de cada condição. A partir desse ponto, estaria pronta para ser submetida à Análise Qualitativa Comparativa, por meio da importação dos dados para a ferramenta *crisp-set* QCA, adequada àquela situação.

Identificados o resultado de interesse e as respectivas condições testáveis, o(a) pesquisador(a) poderia submeter tais informações à Análise Qualitativa Comparativa (QCA), de modo a obter o conjunto de configurações lógicas entre resultados e condições, com o intuito de explicar, para aquelas situações por exemplo, o que foi determinante para situações de remoção de presidente por processo de *impeachment*, nas poucas ocorrências verificadas nos países latino-americanos, principalmente a partir de relações lógicas de suficiência e de necessidade.

Organizar as condições e verificá-las nas ocorrências é o segundo passo preparatório para realização de uma QCA.

IMPORTANTE LEMBRAR!

• *O resultado já se tem*: busca-se nas ocorrências identificar as condições presentes e/ou ausentes para se obter por meio da lógica booleana quais as configurações que contribuem para a verificação do resultado (causalidade conjuntural);

• Experimentos (análises quantitativas) buscam resultados para as causas, enquanto Análises Comparativas Qualitativas (QCA) buscam causas para os resultados;

• *Seguir esta sequência de atos*: (1) identificar qual seria o resultado de interesse a partir de seu problema de pesquisa; (2) encontrar os casos representativos de seu objeto de estudo, isto é, aquele conjunto de ocorrências em que, com base na respectiva literatura, o resultado poderia, ou não, ocorrer; (3) colher em cada caso as informações necessárias e identificar se, naquele caso, o resultado ocorreu ou não;

• A categoria "resultado" pode ser preenchida por uma infinidade de fatos, desde que relevantes para os respectivos campos de conhecimento;

• É possível realizar três estratégias comparativas, para formular hipóteses ou testá-las, em ambientes com poucos casos (*small-n*): (1) comparação de casos com resultados semelhantes (ideal para identificar condições necessárias); (2) comparação de casos com resultados diferentes (útil para estabelecer condições necessárias ou suficientes); e (3) a Análise Qualitativa Comparativa (QCA), que além das funções anteriores, é destinada a identificar, a partir das condições apresentadas, combinações de fatores que possam garantir um dado resultado;

• As condições identificadas na pesquisa serão avaliadas em relação ao conjunto de ocorrências, seja quanto à *necessidade (1)* da condição (antecedentes compartilhados entre os casos), seja quanto à *suficiência (2)* da condição (resultados compartilhados entre os casos), a partir das configurações lógicas que, no ambiente do conjunto analisado, explicam o resultado de interesse;• A QCA dedica-se a comparar logicamente resultados e condições, buscando verificar a possível existência de configurações conjunturais que possam explicar os resultados: espera-se que conjunções lógicas de condições – e não variáveis isoladas ou em combinações aditivas – sejam causalmente relevantes para produzir o resultado;

• As condições podem ser classificadas da seguinte maneira: (1) *qualitativas categóricas (nominais)*, quando as informações se referem exclusivamente à presença ou à ausência de uma categoria, sendo anotadas de forma binária (dicotômica), atribuindo-se o valor 1 para a presença da categoria e valor 0 para sua ausência; (2) *qualitativas ordinais*, quando os valores atribuídos (números) representam uma posição numa ordem convencional pré-selecionada; (3) *quantitativas contínuas ou escalares*, quando os valores informados representam meras contagens de ocorrências ou posições em escalas numéricas (exemplo, quilos, graus Celsius, metros quadrados etc.).

4
Interpretando a QCA: atividades preparatórias

4.1 Instalação de software de código aberto

O *Tosmana*[7] é uma ferramenta para a Análise Qualitativa Comparativa (QCA) – desenvolvida com base no método comparativo de Ragin – gentilmente fornecida pelo Professor Lasse Cronqvist (Universidade de Trier, Alemanha) às pessoas interessadas em fazer pesquisas comparativas, na forma de um aplicativo gratuito de código aberto (licença livre), com interface gráfica de fácil interação. Esse software, que ilustrará os exemplos práticos deste livro, pode ser amplamente usado para cálculos de configurações causais via csQCA (*crisp-set* QCA), mvQCA (*multi--value* QCA) ou fsQCA (*fuzzy-set* QCA).

Está disponível para download gratuito no seguinte endereço eletrônico:

https://t.ly/CIwrH

Para começar a usar o software e treinar na prática as análises de que trata este manual, você pode baixar o arquivo compactado (.zip) vinculado ao link acima e realizar a respectiva extração[8] para a sua área de

---

7. Cf.: https://www.tosmana.net

8. **Não se preocupe!** Caso seu computador não tenha um aplicativo de extração pré-instalado, você pode instalar gratuitamente o *7-Zip* pelo seguinte endereço: https://7-zip.org/a/

trabalho. Após extraído, o *Tosmana* se apresentará como um arquivo executável simples (.exe) com seu ícone de acesso característico, compatível com o sistema operacional Windows, não sendo necessário nenhum outro procedimento de instalação (Cronqvist, 2016).

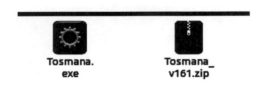

Fonte: captura de tela feita pelos autores.

A partir de então, bastará *clicar duas vezes no ícone do programa* Tosmana referente ao aplicativo (*Tosmana.exe*) para, enfim, depois da leitura dos capítulos anteriores, poder efetivamente realizar suas pesquisas empíricas comparativas, utilizando as técnicas de que trata este livro.

4.2 Importação de dados

O passo seguinte para realizar a QCA é produzir a codificação dos dados, extraídos do conjunto de casos representativos do fenômeno empírico que está sendo estudado, e depois importá-los para o ambiente do aplicativo (Cronqvist, 2016). Nesse sentido, a pessoa responsável pela pesquisa poderá anotar as informações em uma planilha eletrônica de sua preferência[9] para, ao final, salvar um arquivo no formato *.csv* (*comma-separated values*, isto é, valores separados por vírgulas) para que os dados possam ser importados pelo Tosmana.

7z2408-x64.exe

9. As mais conhecidas são Microsoft Excel, LibreOffice Calc e a planilha do Google.

Fonte: captura de tela feita pelos autores.

Após o download do arquivo com seus dados, já no formato .csv, deverá agora iniciar o aplicativo do Tosmana, clicando sobre o respectivo ícone:

Fonte: captura de tela feita pelos autores.

Será apresentada a tela inicial do aplicativo, desta forma:

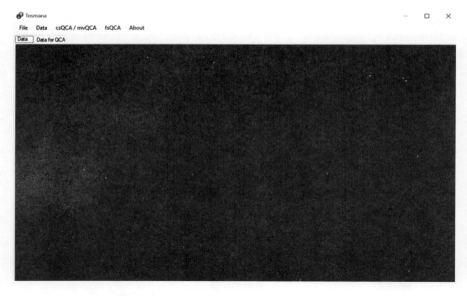

Fonte: captura de tela feita pelos autores.

Ato contínuo, será realizada a importação dos dados para o ambiente virtual de análise comparativa do Tosmana, por meio desta sequência de comandos: *File / Import File / Comma-Separated Values (.csv)*[10]:

---

10. Traduzindo para o português: Arquivo / Importar Arquivo / Valores Separados por Vírgula (.csv).

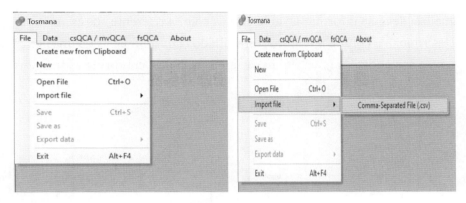

Fonte: captura de tela feita pelos autores.

Será então aberta uma janela do Windows, na qual deverá ser selecionado o seu arquivo (.csv) para importar as informações.

Após a importação, os respectivos dados serão apresentados no ambiente do aplicativo Tosmana, enfim permitindo ser feita a pretendida análise comparativa:

CASOS	RESULTADO	CONDIÇÃO 1	CONDIÇÃO 2	CONDIÇÃO 3
CASO1	1	0	1	0
CASO2	0	1	1	1
CASO3	0	0	1	0
CASO4	1	0	0	0
CASO5	1	0	0	1
CASO6	0	0	0	1
CASO7	0	1	1	0
CASO8	0	1	0	0

Fonte: captura de tela feita pelos autores.

Nesse ponto, a pessoa responsável pela pesquisa poderá clicar na opção referente à ferramenta comparativa a ser utilizada (*csQCA / mvQCA ou fsQCA*), de modo que se mostrem os respectivos comandos de análise: deve-se informar ao aplicativo a coluna referente aos casos (*Case Descriptor*), a coluna referente ao resultado (*Outcome*) e as colunas referentes às condições (*Conditions*) a serem testadas, conforme as imagens abaixo reproduzidas:

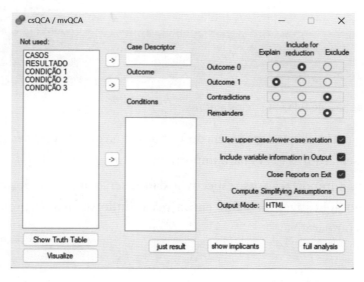

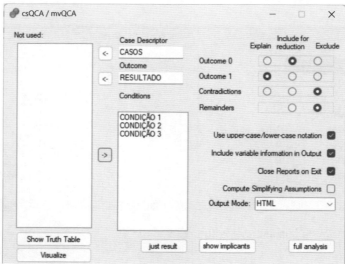

Fonte: captura de tela feita pelos autores.

Concluídas essas etapas preparatórias para a realização da QCA com apoio no aplicativo Tosmana, o pesquisador terá as seguintes opções: (a) verificar as configurações por meio da "Tabela-verdade" (*Show Truth Table*); (b) visualizar os conjuntos por meio do *Diagrama de Venn* (*Visualize*) (c) observar e interpretar as configurações lógicas obtidas (*full analysis*).

O item a seguir (4.3) nos ensina o passo a passo da correta interpretação dos dados fornecidos pela QCA, em qualquer das suas três modalidades, para a compreensão das supostas associações lógicas entre os resultados e as respectivas condições.

4.3 Interpretando os resultados

4.3.1 Configurações causais e notação lógica

> Mais do que priorizar o momento analítico em QCA, é importante *interpretar* qualitativamente os casos em estudo (Betarelli Junior; Ferreira, 2018, grifo nosso).

A partir de agora, a pessoa responsável pela investigação vai interpretar as configurações causais obtidas após a realização da análise, aplicando ao caso concreto, isto é, utilizando-a para a resolução do seu problema de pesquisa de natureza empírica. Tome-se por exemplo o conjunto bruto abaixo apresentado:

Quadro 13. Casos e condições causais (forma bruta) – exemplo

Casos	Resultado	Condição 1	Condição 2	Condição 3
Caso 1	1	0	1	1
Caso 2	0	1	0	0
Caso 3	0	0	0	0
Caso 4	1	0	1	1
Caso 5	1	1	0	0

Fonte: elaborado pelos autores para efeitos didáticos.

Após a importação de seus dados para o aplicativo Tosmana, o usuário vai clicar na opção *csQCA / mvQCA* – adequada para esse tipo de conjunto de dados – informando na seguinte ordem: (1) quais colunas seriam os casos representativos, o resultado a ser explicado e as possíveis condições explicativas e (2) o resultado a ser explicado (*Explain*), no caso, a presença do fenômeno objeto da pesquisa.

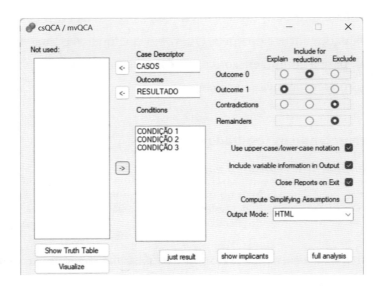

Fonte: captura de tela feita pelos autores.

Preenchidas tais informações fundamentais, é o momento de observar e interpretar as respectivas configurações lógicas (*full analysis*), com efeito:

$$cond1 * COND2 * COND3 + COND1 * cond2 * COND3$$

O primeiro passo na referida interpretação é identificar nas configurações lógicas obtidas a presença ou ausência das respectivas condições, a partir das representações extraídas da lógica booleana e empregadas pela análise comparativa qualitativa dos conjuntos de casos.

Quadro 14. Representações da presença ou ausência das condições no conjunto bruto

Condição no conjunto	Caixa alta/Caixa baixa	Marcador lógico	Marcador numérico
Presente	CONDIÇÃO	condição	condição (1)
Ausente	condição	~condição	condição (0)

Fonte: elaborado pelos autores para efeitos didáticos.

Nos conjuntos brutos (*crisp-sets*), a *presença* das condições pode ser representada de três formas equivalentes entre si: pelo nome da condição em caixa alta (CONDIÇÃO); pelo nome da condição, mantido inalterado para o modo marcador lógico; ou pelo nome da condição seguido do marcador (1), para o modo de marcação numérico. Já a *ausência* das condições também pode ser representada de três formas equivalentes entre si: pelo nome da condição em caixa baixa (condição); pelo nome da condição acompanhado do sinal lógico de negação (~condição) para o modo marcador lógico; ou pelo nome da condição seguido do marcador (0), para o modo de marcação numérico.

Quadro 15. Representações da presença ou ausência das condições no conjunto multivariado

Condição no conjunto	Marcador numérico
Presente	Condição (1, 2, 3)
Ausente	Condição (0)

Fonte: elaborado pelos autores para efeitos didáticos.

Por sua vez, nos conjuntos multivalorados (*multi-value sets*), a *presença* de cada valor componente da condição é apontada por meio do nome da condição acompanhado dos respectivos marcadores numéricos (1, 2, 3 etc.). Por sua vez, a *ausência* da condição é representada pelo nome da condição acompanhado do marcador numérico (0).

Quadro 16. Representações da presença ou ausência das condições no conjunto difuso

Condição no conjunto	Caixa alta/Caixa baixa	Marcador lógico
Presente	CONDIÇÃO	condição
Ausente	condição	~condição

Fonte: elaborado pelos autores para efeitos didáticos.

Por fim, nos conjuntos difusos (*fuzzy-sets*), a *presença* das condições pode ser representada de três formas equivalentes entre si: pelo nome da condição em caixa alta (CONDIÇÃO); ou pelo nome da condição mantido inalterado para o modo marcador lógico. Já a *ausência* das condições também pode ser representada de duas formas equivalentes entre si: pelo nome da condição em caixa baixa (condição); ou pelo nome da condição acompanhado do sinal lógico de negação (~condição) para o modo marcador lógico.

$$cond1 * COND2 * COND3 + COND1 * cond2 * COND3$$

Na configuração exemplificativa acima, vê-se que a presença ou ausência das condições é representada pela variação CAIXA ALTA/caixa baixa (isto é, entre letras maiúsculas e minúsculas) na escrita dos nomes de cada condição ora submetida à análise. O próximo passo para compreender o conteúdo reproduzido acima é saber ler o significado da notação lógica booleana pela presença de seus respectivos caracteres operadores (acima representados pelos sinais "*" e "+").

Quadro 17. Operadores lógicos booleanos básicos

Operação lógica	Operador	Notação	Simbologia
Conjunção	AND (E)	$x\ AND\ y$	$x{*}y \rightarrow x \wedge y$
Disjunção	OR (OU)	$x\ OR\ y$	$x{+}y \rightarrow x \vee y$
Negação	NOT (NÃO)	$NOT\ y$	$\sim y$
Causa	IMPLIES (CAUSA)	$x\ IMPLIES\ y$	$x \rightarrow y$

Fonte: elaborado pelos autores para efeitos didáticos.

A *conjunção* entre condições é representada pela anotação AND ou pelos sinais "*" e "∧", significando que, para aquele conjunto de casos, é necessária determinada configuração (soma da presença e/ou da ausência das condições) para que o resultado de interesse ocorra. Em sentido oposto, a **disjunção** entre condições é representada pela anotação OR ou pelos sinais "+" e "∨", significando que, para aquele conjunto de casos, duas ou mais configurações podem fazer o resultado de interesse acontecer. Vejamos no nosso exemplo:

cond1 * COND2 * COND3 + COND1 * cond2 * COND3

Partindo-se do conhecimento sobre as notações lógicas booleanas, nosso exemplo pode ser lido da seguinte maneira:

Quadro 18. Interpretação das configurações lógicas obtidas

Ausência (letras minúsculas) da condição 1 associada (*) à presença (letras maiúsculas) conjunta das condições 2 e 3	OU (+)	Presença conjunta (letras maiúsculas) das condições 1 e 3 associadas (*) à ausência (letras minúsculas) da condição 2

Fonte: elaboração dos autores para efeitos didáticos.

Em síntese, como consequência da análise comparativa qualitativa, tem-se que o resultado de interesse (fenômeno objeto da pesquisa) ocorreu na ausência da condição 1 e na presença conjunta das condições 2 e 3 *ou* na presença conjunta das condições 1 e 3 e ausência da condição 2, ou seja, nesse conjunto hipotético de casos, duas configurações lógicas distintas chegaram ao mesmo resultado (equifinalidade).

4.3.2 Redução booleana

> Essa redução tem a virtude de *diminuir o número de termos de solução* possíveis para um número mais gerenciável (Schneider; Wagemann, 2012, p. 176, grifo nosso).

A redução booleana na Análise Comparativa Qualitativa (QCA) é uma técnica lógica usada para simplificar combinações complexas de variáveis e de resultados em formas menores e mais simples, mais gerenciáveis e interpretáveis. Serve para identificar padrões e relacionamentos consistentes dentro dos dados, convertendo as diferentes configurações de condições em expressões booleanas mínimas.

> [Ela é guiada] pelo seguinte primeiro princípio de minimização lógica: se duas linhas da tabela-verdade, que são ambas vinculadas ao resultado, diferem em apenas uma condição – com essa condição estando presente em uma linha e ausente na outra – então essa condição pode ser considerada logicamente redundante e irrelevante para produzir o resultado na presença das condições restantes envolvidas nessas linhas. A condição logicamente redundante pode ser omitida, e as duas linhas podem ser mescladas em uma conjunção de condições mais simples e suficientes (Schneider; Wagemann, 2012, p. 105, acréscimo e grifo nosso).

> **Serve para identificar entre as várias configurações lógicas disponíveis quais condições seriam necessárias e suficientes para o resultado.**

Como isso funciona na prática de uma análise comparativa qualitativa? Na pesquisa que investigou se instrumentos da democracia direta estariam associados a um menor nível de democracia (Barros, 2017), foram obtidas as seguintes configurações lógicas de condições:

Quadro 19. Configurações lógicas obtidas

REFERENDO*DECRETO*veto
+
REFERENDO*DECRETO*VETO
+
REFERENDO*decreto*VETO
+
REFERENDO*decreto*veto

Fonte: Barros (2017).

A redução booleana (fórmula mínima) nos permite observar que a condição "referendo" sempre se faz presente nos países considerados parcialmente livres [1], porém as outras condições presentes nas combinações variam de país para país, de modo que não se pode afirmar que essas outras condições desempenhem um papel institucional importante no que diz respeito ao país ser considerado parcialmente livre (Barros, 2017). Pode-se, então, reescrevê-las em uma única fórmula:

Quadro 20. Configurações lógicas obtidas (fórmula mínima)

REFERENDO → país parcialmente livre

Fonte: Barros (2017).

Diante das configurações encontradas, Barros (2017) concluiu que a previsão constitucional do poder presidencial de convocar referendos está associada a um menor nível democrático, dado que o referendo se mostrou ser condição necessária e suficiente para que um país sul-americano seja considerado com baixo nível democrático.

Nesse sentido, se duas configurações distintas levam ao mesmo resultado e diferem em apenas uma condição – com essa condição estando presente em uma e ausente na outra – então essa condição pode ser considerada logicamente redundante e irrelevante, *podendo ser excluída por meio de redução.*

Entretanto, para que essa técnica seja corretamente utilizada é necessário obedecer às seguintes regras a serem seguidas das fórmulas lógicas resultantes da QCA: (a) devem ser logicamente equivalentes; (b) expressar as mesmas informações contidas na tabela-verdade; (c) não se contradizer, nem contradizer as informações contidas na tabela-verdade; e (d) precisam ser resumos aceitáveis das informações empíricas em questão (Schneider; Wagemann, 2012).

Voltemos ao nosso exemplo sobre uma pesquisa comparativa hipotética:

cond1 * COND2 * COND3 + COND1 * cond2 * COND3

Assim, partindo-se do conhecimento sobre a redução booleana, nosso exemplo acima, tratado no item anterior, poderia ser transformado na seguinte fórmula lógica mínima, excluindo-se as duas condições redundantes:

COND3 → Resultado

Ao reduzir as combinações de variáveis para condições presentes ou ausentes, os pesquisadores podem identificar facilmente quais combinações são necessárias ou suficientes para um resultado específico e identificar o conjunto mínimo de condições necessárias para produzir o resultado desejado. No nosso exemplo hipotético, a configuração foi reduzida logicamente para uma única condição necessária para produzir o resultado.

4.3.3 Tabela-verdade

> [...] a abordagem é comparativa no sentido de que permite que pesquisadores explorem similaridades e diferenças entre casos comparáveis ao reunir casos similares e compará-los como configurações. *O dispositivo analítico que permite isso é a tabela-verdade*, que exibe os dados em uma matriz de configurações logicamente possíveis de condições causais (Ragin, [1987] 2014, p. xxi, grifo nosso).

Um passo importante do QCA corresponde a uma síntese da matriz de dados: o resultado disso é chamado de tabela-verdade, porque é uma tabela de configurações – e uma configuração é, simplesmente, uma dada combinação de condições associadas a um dado resultado (Rihoux; De Meur, 2009).

As tabelas-verdade são ferramentas essenciais para a análise de dados e a construção de explicações causais em QCA, pois representam de forma sistemática e sintética todas as possíveis combinações lógicas de condições (variáveis independentes) e seus respectivos resultados (variável dependente) em uma única representação de um conjunto de casos (Ragin, [1987] 2014). Na tabela-verdade cada linha representa uma combinação (ou configuração) de condições logicamente possíveis entre os casos apresentados e para aquele resultado testado, sendo a diferença entre os casos em diferentes linhas uma diferença de tipo e não uma diferença de grau (Betarelli Junior; Ferreira, 2018).

O núcleo da QCA está implicado na análise da tabela-verdade, que trata da identificação de combinações de condições (configurações) que são suficientes para o resultado de interesse. A tabela-verdade exibe todas as configurações logicamente possíveis para um determinado *design* de pesquisa e o número de condições que o pesquisador escolheu incluir (Mello, 2022, p. 5).

O procedimento de simplificar relações entre elementos dos conjuntos por meio das tabelas-verdade se assemelha ao desafio de reduzir informações em pesquisas focadas em variáveis (já que uma tabela-verdade se assemelha a uma matriz de dados), embora o funcionamento seja distinto. A transformação de uma matriz de dados em uma tabela-verdade expõe contradições. Em contrapartida, uma tabela-verdade não apenas evidencia essas contradições, mas também exige sua resolução, especialmente com ajuda da identificação de condições causais que podem ter sido negligenciadas (Ragin, [1987] 2014).

Vejamos a título de exemplo a pesquisa de Cortez Salinas (2014a) sobre as condições que estariam associadas às decisões da Suprema Corte Mexicana contrárias ao Poder Executivo, em que foi produzida a seguinte tabela-verdade a partir da análise comparativa dos casos selecionados:

Gráfico 1. Configurações casuais lógicas (análise de configurações suficientes)

Configurações	X_1	X_2	X_3	Número de casos	Y = 0	Y = 1	Consistência	X -> Y
1	0	0	0	4	F, K	I, M	0,50	[C]
2	1	0	0	3	C, F, H		0,00	F
3	0	0	0	3	D, G, J		0,00	F
4	1	1	1	2	N, O		0,00	F
5	1	1	1	1	I		0,00	F
6	0	1	1	1		A	1,00	V
7	0	1	1	1		B	1,00	V
8	1	0	0	0			---	[?]

Legenda: X_1 = Nomeação de juízes; X_2 = A controvérsia diz respeito à possibilidade de se referir ao processo legislativo; X_3 = A controvérsia diz respeito à agenda; Y = Voto contra o Executivo; 0 = Ausência de variação; 1 = Presença de variação; [C] = Configurações contraditórias; [?] Configurações contratuais ou residuais.

Fonte: Cortez Salinas (2014a).

Em toda tabela-verdade pode-se produzir cinco tipos possíveis de configurações, cada uma delas podendo corresponder a nenhum, um ou mais de um caso entre aqueles componentes da análise:

Quadro 21. Tipos de configurações na tabela-verdade

Configurações (1)	Configurações com desfecho (1) (entre os casos observados).
Configurações (0)	Configurações com resultado (0) (entre os casos observados).
Configurações "*don't care*"	Isso significa que o resultado é indeterminado. Isso deve ser evitado, pois o pesquisador deve estar interessado em explicar um resultado específico em casos bem selecionados.
Configurações "C"	Tal configuração leva a um resultado (0) para alguns casos observados, mas também a um resultado (1) para outros casos observados. Essa é uma contradição lógica.
Configurações "¿?", "L" ou "R"	Contrafactuais (Residuais): Essas são combinações logicamente possíveis de condições que não foram observadas entre os casos componentes do estudo.

Fonte: elaboração dos autores com base em Rihoux e De Meur (2009).

Nesse sentido, como produto da Análise Qualitativa Comparativa feita sobre as informações colhidas nos casos representativos, a tabela-verdade exibe os dados das condições e dos resultados organizados em uma matriz de configurações causais logicamente possíveis (Ragin, [1987] 2014). Ao sistematizar as combinações possíveis entre as condições presentes em um conjunto de casos, elas permitem uma visualização clara e concisa das relações entre essas condições e o resultado de interesse.

Essa visualização facilita a identificação de padrões, a comparação de casos e a formulação de hipóteses sobre os mecanismos causais subjacentes a um fenômeno. Além disso, as tabelas-verdade auxiliam na superação de um dos desafios mais comuns na pesquisa qualitativa comparativa: a complexidade da análise de múltiplos casos com diversas variáveis. Ao reduzir a complexidade a uma matriz lógica, as tabelas-verdade permitem uma análise mais rigorosa e objetiva dos dados, minimizando o risco de vieses interpretativos.

4.3.4 Diagrama de Venn

> Tudo o que temos a fazer é desenhar nossas figuras, digamos círculos, de modo que cada uma delas sucessiva que introduzirmos intersecte uma vez, e apenas uma vez, todas as subdivisões já existentes, e então teremos o que pode ser chamado de uma estrutura geral indicando todas as combinações possíveis produzidas pelos termos de classe fornecidos (Edwards, 2004, p. 5).

O Diagrama de Venn[11] é uma ferramenta gráfica essencial para a compreensão e visualização das relações entre os conjuntos (sejam brutos, multivalorados ou difusos), sendo amplamente utilizado em diversas áreas do conhecimento. Sua simplicidade e versatilidade o tornam um recurso indispensável para estudos que trabalham com lógica booleana, como é o caso da QCA.

Também conhecido como Diagrama de Euler-Venn, é uma representação gráfica que utiliza círculos ou outras formas geométricas para ilustrar as relações lógicas entre dois ou mais conjuntos, no caso, entre o resultado e as condições ou configurações de condições. Cada conjunto é representado por uma forma, e a sobreposição dessas formas indica a intersecção entre os conjuntos, ou seja, os elementos que pertencem a ambos os conjuntos (Edwards, 2004).

O Diagrama de Venn, ferramenta visual de representação lógica, emprega a sobreposição de conjuntos para ilustrar relações de pertinência, inclusão e interseção entre categorias. Essa representação gráfica permite a visualização intuitiva de estruturas conceituais complexas, destacando tanto as similaridades quanto as diferenças entre os elementos de cada conjunto. Sua aplicação transcende diversas áreas do conhecimento,

---

11. Esse tipo de gráfico recebeu esse nome em homenagem a John Venn, que – assim como George Boole, o pai da álgebra booleana – foi um matemático inglês do século XIX (Schneider; Wagemann, 2012).

servindo como um recurso eficaz para a análise qualitativa de dados e a construção de modelos teóricos.

Os Diagramas de Venn, especificamente no ambiente da ferramenta de que trata este livro, permitem representar graficamente as relações entre conjuntos, ilustrando de forma intuitiva as sobreposições e as exclusões entre eles. Na QCA, cada conjunto representa uma condição e as áreas de sobreposição entre os conjuntos correspondem às configurações nas quais múltiplas condições estão presentes. Ao representar as configurações de forma visual, o Diagrama de Venn facilita a identificação de padrões, a comparação entre diferentes configurações e a visualização da complexidade das relações causais (Ragin, [1987] 2014).

> O diagrama visualiza o relacionamento entre conjuntos usando círculos sobrepostos ou outras formas localizadas dentro de um quadro retangular. Cada círculo contém aqueles casos que são membros do conjunto que o círculo representa (Schneider; Wagemann, 2012, p. 58).

Considere este exemplo: uma hipotética Análise Qualitativa Comparativa (*csQCA*), na qual se pretendeu identificar quais condições estariam associadas aos rompimentos democráticos na Europa, a partir dos dados colhidos no estudo de Lipset: *Political Man* (1960). Os resultados (rompimentos democráticos) foram testados em relação às seguintes condições, cujos dados foram extraídos da referida obra: [GNPCAP]: Produto Nacional Bruto/*Per capita* (c. 1930) – 0 se abaixo de 600 dólares e 1 se acima; [URBANIZA]: Urbanização (população em cidades com 20 mil ou mais habitantes) – 0 se abaixo de 50% e 1 se acima; [LITERACY]: Alfabetização – 0 se abaixo de 75% e 1 se acima; [INDLAB]: Força de Trabalho Industrial (incluindo mineração) – 0 se abaixo de 30% da população ativa e 1 se acima (Rihoux; De Meur, 2009).

Nessa hipotética pesquisa, os dados foram visualizados por meio de um Diagrama de Venn com 16 zonas básicas (configurações) – ou seja, 24 zonas. Nesse exemplo empiricamente fundamentado, podemos observar quatro tipos de configurações: (a) duas configurações com um resultado [1], cobrindo respectivamente os casos da Tchecoslováquia e

Irlanda; (b) uma configuração com um resultado [0], cobrindo os cinco casos da Itália, Romênia, Portugal, Espanha e Grécia; (c) três configurações contraditórias, cobrindo no total 11 casos (as zonas sombreadas correspondem ao rótulo "C"); (d) finalmente, muitas configurações não observadas de "resto lógico" ("R") – 10 no total. Como os 18 casos observados correspondem a apenas 6 configurações, o espaço de propriedade booleano restante é desprovido de casos (Rihoux; De Meur, 2009).

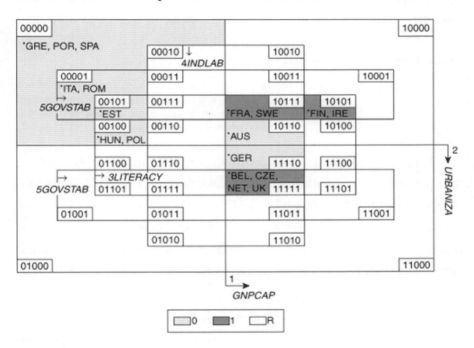

Fonte: Rihoux; De Meur (2009).

Interpretando o resultado apresentado graficamente no Diagrama de Venn, tem-se um "caso de sobrevivência perfeito", corroborando a teoria de Lipset: quatro países apresentaram um valor [1] em todas as quatro condições, levando ao valor de resultado [1] [SOBREVIVÊNCIA]. Por outro lado, Portugal, por exemplo, é um "caso de colapso perfeito", corroborando a teoria de Lipset: verifica-se que um valor [0] em todas as quatro condições leva ao valor de resultado [0] [sobrevivência]. No entanto, para muitos outros casos, envolvendo outros países, o quadro pode parecer mais complexo, com outras configurações lógicas possíveis (Rihoux; De Meur, 2009).

O Diagrama de Venn auxilia na comunicação dos resultados da QCA para um público mais amplo, uma vez que a representação visual facilita a compreensão de conceitos complexos. Ao utilizar essa ferramenta, os pesquisadores podem transmitir de forma mais clara as principais descobertas da análise, tornando os resultados mais acessíveis e permitindo uma discussão mais aprofundada sobre as implicações das configurações identificadas.

4.3.5 Consistência e cobertura

> Notemos que é preciso avaliar a consistência e a cobertura das condições (isoladas ou combinadas) que importam para o resultado, isto é, das condições que são suficientes e necessárias para o resultado (Betarelli Junior; Ferreira, 2018).

Para se estudar os conjuntos difusos (*fuzzy*) é fundamental analisar até que ponto os conjuntos (sejam isolados ou em combinações por conjunção e disjunção) atendem a cada uma das propriedades lógicas que determinam a validade da análise, utilizando métricas que avaliam as relações entre os conjuntos: as medidas de *consistência e cobertura* das condições (Betarelli Junior; Ferreira, 2018).

A análise comparativa de conjuntos *fuzzy* (fsQCA) introduz essas medidas para que sejamos capazes de avaliar se uma única condição (ou uma conjunção de várias condições) é necessária e/ou suficiente para um resultado. Enquanto a consistência (I) reflete a *adequação da evidência empírica a uma relação teórica de conjuntos assumida*, a cobertura (II) indica *a relevância de uma condição em termos empíricos* (Mello, 2017).

Quadro 22. Consistência e cobertura

Consistência	Analisa o nível de concordância entre os casos que apresentam uma específica condição (ou um conjunto de condições) e o resultado obtido.
Cobertura	Avalia em que grau uma condição (ou combinação de condições) contribui para um resultado em comparação com as demais.

Fonte: elaborado pelos autores, com base em Thiem (2010).

E como aplicar essas medidas na avaliação das configurações lógicas eventualmente obtidas a partir de uma análise comparativa *fuzzy-set*? Ao realizar sua análise (opção *fsQCA*), o aplicativo utilizado (no nosso caso o Tosmana) informará escores para consistência e para cobertura em relação a cada uma das condições e/ou configurações testadas na pesquisa.

Quadro 23. Medidas de consistência da condição

Igual ou maior que 0,5	A condição (ou configuração) é suficiente ou necessária para que o resultado ocorra.
Menor que 0,5	A condição (ou configuração) não é suficiente nem necessária para que o resultado ocorra.

Fonte: elaborado pelos autores, com base em Betarelli Junior e Ferreira (2018).

Se o escore da condição (ou da configuração) logicamente associada ao resultado for igual ou superior a 0,5, significa que a presença dela *é logicamente concordante para que o resultado seja verificado*, podendo ser utilizada para responder o problema de pesquisa; por outro lado, se o escore for em valor inferior a 0,5 significa que a condição (ou configuração) *não é logicamente concordante para que o resultado seja verificado*, devendo ser excluída da construção das respostas.

Quadro 24. Medidas de cobertura da condição

Varia entre 0 e 1	Quanto maior for o valor, maior a cobertura da condição (ou configuração). Isso permite comparar entre as condições (ou configurações) consistentes quais possuem maior ou menor cobertura.

Fonte: elaborado pelos autores, com base em Betarelli Junior e Ferreira (2018).

Por outro lado, os escores de cobertura permitem que o pesquisador possa comparar, entre as condições (ou configurações) identificadas como consistentes, aquelas com maior ou menor contribuição para que logicamente ocorra o resultado objeto da investigação qualitativa comparativa.

IMPORTANTE LEMBRAR!

• O primeiro passo nessa interpretação é identificar nas configurações lógicas obtidas a presença ou ausência das respectivas condições, a partir das representações extraídas da lógica booleana e empregadas pela análise comparativa qualitativa dos conjuntos de casos;

• A conjunção entre condições é representada pela anotação AND ou pelos sinais "*" e "∧", significando que, para aquele conjunto de casos, é necessária determinada configuração (soma da presença e/ou da ausência das condições) para que o resultado de interesse ocorra. Em sentido oposto, a disjunção entre condições é representada pela anotação OR ou pelos sinais "+" e "∨", significando que, para aquele conjunto de casos, duas ou mais configurações podem fazer o resultado de interesse acontecer;

• Redução booleana: se duas linhas da tabela-verdade, que são ambas vinculadas ao resultado, diferem em apenas uma condição – com essa condição estando presente em uma linha e ausente na outra – então essa condição pode ser considerada logicamente redundante e irrelevante;

• A tabela-verdade exibe os dados das condições e dos resultados organizados em uma matriz de configurações causais logicamente possíveis;

• Os Diagramas de Venn permitem representar graficamente as relações entre conjuntos, ilustrando de forma intuitiva as sobreposições e as exclusões entre eles;

• Enquanto a (a) consistência reflete a adequação da evidência empírica a uma relação teórica de conjuntos assumida, a (b) cobertura indica a relevância de uma condição em termos empíricos.

Parte II

Análise Qualitativa Comparativa: espécies

5
Análise Qualitativa Comparativa
crisp-set (csQCA)

5.1 O que é?

> Quando o QCA foi discutido pela primeira vez nas décadas de 1980 e 1990, limitava-se a conjuntos brutos. Isso exigiu uma decisão se um caso é membro de um conjunto ou não (Schneider; Wagemann, 2012, p. 24).

Há 37 anos o sociólogo Charles Ragin publicou *The comparative method* ([1987] 2014) e, por meio desta obra, introduziu nas ciências humanas e sociais uma então inovadora técnica de pesquisa denominada *Crisp-Set Qualitative Comparative Analysis* (Marx; Cambré; Rihoux, 2013). A csQCA foi a primeira técnica de QCA, por ele criada em conjunto com o programador Kriss Drass, para a sua pesquisa no campo da sociologia histórica, a partir de uma demanda por ferramentas para o tratamento de conjuntos complexos de dados binários que não existiam na literatura estatística convencional (Rihoux; De Meur, 2009).

Para tanto, adaptaram algoritmos booleanos, desenvolvidos na década de 1950 por engenheiros elétricos para simplificar circuitos de comutação, encontrando um instrumento eficiente para identificar padrões de causalidade conjuntural múltipla e para simplificar a apresentação de estruturas complexas de dados, de uma forma lógica e holística (Rihoux; De Meur, 2009).

Drass e Ragin implementaram os referidos algoritmos extraídos da lógica booleana em um aplicativo computacional inicialmente chamado simplesmente de QCA (Qualitative Comparative Analysis) e projetado especificamente para dados sociais, que trazia muitos recursos dirigidos a uma maior flexibilidade no tratamento desses dados: nele, o usuário importaria uma matriz de dados como entrada (e não uma tabela da verdade limpa e totalmente especificada), obtendo as respectivas configurações causais (Ragin, [1987] 2014).

Assim nascia a técnica csQCA

Essa primeira técnica comparativa introduzida por Ragin confundiu-se durante anos com o próprio gênero da Análise Qualitativa Comparativa (QCA), mostrando uma estratégia analítica com capacidade para integrar as virtudes da pesquisa orientada a casos com aquelas da abordagem de pesquisa orientada a variáveis. Naquele momento, o rótulo "*qualitativo*" foi integrado à denominação da técnica para se referir a seu objeto de pesquisa: fenômenos que variam por tipo e não por grau e também para enfatizar a importância de considerar os casos como produtos de configurações específicas e complexas ou combinações de características (Berg-Schlosser *et al.*, 2009).

A análise *crisp-set* (csQCA) emprega as condições dicotômicas em valores que são traduzidos em 0 ou 1 (pertencimento ou não à categoria ou ao conjunto), sendo utilizada para obter "fórmulas mínimas", isto é, configurações lógicas que explicam o resultado: quanto mais condições são adicionadas, mais possibilidades lógicas de combinações podem existir (Sandes-Freitas; Bizarro Neto, 2015). Isso corresponde à forma como os conjuntos são geralmente percebidos, notadamente como caixas nas quais os casos podem ser, a critério do pesquisador, classificados ou não (Schneider; Wagemann, 2012).

5.2 Quando usar?

> A csQCA opera exclusivamente em conjuntos convencionais onde os casos podem ser membros ou não membros do conjunto (Schneider; Wagemann, 2012, p. 13).

A Análise Qualitativa Comparativa *crisp-set* (csQCA) foi desenhada para lidar exclusivamente com a compreensão das estruturas lógicas dos chamados "conjuntos brutos" (*crisp-sets*), isto é, aqueles cuja lógica de construção lida diretamente com a ideia de *pertencimento*: se a condição ou o resultado está presente ou ausente, em cada uma das ocorrências estudadas, é compreendida logicamente como pertencente (ou não) ao conjunto objeto da pesquisa (Ragin, [1987] 2014).

Operar conjuntos nada mais é do que colocar cada elemento em sua caixa, isto é, trabalhar com classificações em categorias, analisando, em sua versão mais básica, se aquela informação pertence ou não ao conjunto, como pertence e por que pertence. A ideia de pertencimento a um conjunto de dados brutos e às conjunturas lógicas decorrentes foi fundamental para a criação da QCA e inspirou Ragin e seus colaboradores a desenvolver sua primeira e fundamental ferramenta. Retomemos o exemplo hipotético utilizado em capítulos anteriores:

Quadro 25. Conjunto bruto

Evento	Resultado	Condição 1	Condição 2	Condição 3
Evento 1	1	0	1	1
Evento 2	0	1	0	0
Evento 3	0	0	0	0
Evento 4	1	0	1	1
Evento 5	1	1	0	0

Fonte: elaborado pelos autores para efeitos didáticos.

O(a) pesquisador(a) deve primeiro produzir uma planilha de dados brutos (*crisp-set data*), na qual cada caso apresenta uma combinação específica de condições (com valor 0 ou 1) e um resultado (com valor 0 ou 1), conforme a ausência ou a presença (respectivamente) das condições e/ou do resultado em cada ocorrência. A partir de então, tais informações serão importadas para uma matriz de dados e o respectivo software produz uma tabela da verdade (*truth table*), em que se exibe os dados como uma lista de configurações: combinações lógicas possíveis entre algumas condições e um resultado (Rihoux, 2006).

A csQCA, portanto, é adequada a pesquisas empíricas que tratam de um número reduzido de ocorrências e que os resultados e as respectivas condições forem expressos por meio de dados organizados a partir de condições causais (variáveis categóricas) binárias (1 ou 0), equivalentes à presença ou não da categoria em cada um dos casos analisados. Consiste em uma ferramenta de pesquisa apropriada para lidar com conjuntos binários em estudos comparativos, devido à sua capacidade de lidar com relações complexas entre variáveis, o que torna essa abordagem particularmente útil na comparação de casos cujas variáveis são de natureza dicotômica ou categórica, pois permite uma compreensão mais matizada das relações entre diferentes fatores.

Entretanto, não basta apenas pertencer (1) ou não (0) a um conjunto, é preciso entender se aquela *condição* é *necessária* ou *suficiente*. Dentro dos argumentos teóricos específicos de cada problematização, uma condição pode ser considerada suficiente se, sempre que estiver presente em todos os casos, o resultado também estiver presente neles (Schneider; Wagemann, 2012). Os autores dão o seguinte exemplo: "[…] ser um país da Europa Ocidental (X) é uma condição suficiente para ser uma democracia (o resultado Y). Se essa alegação é verdade, todos os países na Europa Ocidental também teriam de ser democracias; nenhum país dessa região pode ser uma autocracia" (Schneider; Wagemann, 2012, p. 57). Os autores definem também como: se X, então Y; ou X implica Y. Logo, todos os casos que não pertencem a X não são relevantes para se declarar uma condição como suficiente.

Já uma condição necessária é o reflexo espelhado da condição suficiente: Uma condição X é necessária, sempre que o resultado Y estiver presente, a condição X também estará presente. Ou seja, Y não pode ocorrer sem X (Schneider; Wagemann, 2012).

5.3 Exemplos na literatura

5.3.1 Foro privilegiado nos países da América Latina

Quais são os fatores institucionais que influenciam a existência do "foro privilegiado"[12] nos países latino-americanos? Para garantir que autoridades políticas não fossem perseguidas por motivos políticos, o Brasil estabeleceu em seu desenho constitucional que o Supremo Tribunal Federal (STF) seria o único tribunal com poderes para julgar presidentes da república (exceto em casos de *impeachment* por crime de responsabilidade), deputados federais e senadores, entre outras autoridades superiores. Tal prerrogativa é comumente conhecida como "foro privilegiado", embora sua denominação técnica seja "competência jurisdicional por prerrogativa de função" (Oliveira; Gomes Neto; Barros, 2023).

Com base no exemplo brasileiro, Oliveira, Gomes Neto e Barros (2023) buscaram compreender se outros países latino-americanos também oferecem a mesma proteção às suas autoridades e por quê. Para tanto, foi feita uma Análise Qualitativa Comparativa do tipo *crisp-set* com o propósito de descrever a relação entre as variáveis em termos de condições lógicas necessárias e suficientes para a ocorrência do fenômeno em estudo. Inicialmente, apuraram a existência de previsão constitucional para que políticos e outras autoridades públicas somente sejam processados e julgados criminalmente por tribunais superiores ou por tribunais específicos (*resultado de interesse*), verificando o conteúdo das constituições de 24 países latino-americanos (*unidades de análise*).

---

12. Tendo sido originalmente publicada em inglês, a referida pesquisa escolheu traduzir o termo "foro privilegiado" pela expressão "jurisdictional privilege".

Quadro 26. Pesquisa sobre foro privilegiado na América Latina

País	Previsão do foro privilegiado (resultado)	Norma constitucional
Argentina	Sim (1)	Art. 166
Bolívia	Sim (1)	Art. 184, "4"
Brasil	Sim (1)	Art. 102, "b", "c"
Chile	Não (0)	-
Colômbia	Sim (1)	Art. 235
Costa Rica	Sim (1)	Art. 121, "9"
Dominica	Não (0)	-
República Dominicana	Sim (1)	Art. 154
Equador	Sim (1)	Art. 431
El Salvador	Sim (1)	Art. 182
Granada	Não (0)	-
Guatemala	Não (0)	-
Guiana	Não (0)	-
Haiti	Não (0)	-
Honduras	Sim (1)	Art. 313
Jamaica	Não (0)	-
México	Sim (1)	Art. 111
Nicarágua	Sim (1)	Art. 130
Panamá	Sim (1)	Arts. 142, 155, 160
Paraguai	Não (0)	-
Peru	Sim (1)	Arts. 93, 99
Suriname	Sim (1)	Art. 140
Uruguai	Não (0)	-
Venezuela	Sim (1)	Art. 266

Fonte: elaborado pelos autores, com base em Oliveira, Gomes Neto e Barros (2023).

Em seguida, utilizou-se a csQCA para testar a existência de configurações causais entre os resultados e as seguintes condições, extraídas de indicadores de qualidade institucional largamente utilizados em pesquisas empíricas comparativas: (1) se o país é considerado um *país livre* pela *Freedom House*[13]; (2) se o país é considerado uma *democracia liberal* (ou não) pelo *Varieties of Democracy* (V-DEM)[14]; (3) se o país tem indicador de *eficácia governamental* pelo *Worldwide Governance Indicator* (WGI)[15]; e se (4) o país tem *controle da corrupção* também pelo WGI[16].

Dessa maneira, foram construídos bancos de dados binários (*crisp--set* ou *raw data*), que expressam, em cada uma das ocorrências pesquisadas, as relações entre as referidas condições e o resultado pesquisado, previsão constitucional de foro privilegiado para autoridades políticas.

Os referidos dados brutos foram então submetidos à análise para testar as possíveis associações lógicas entre as condições propostas na pesquisa e o resultado investigado. Nesse sentido, após a análise e seguindo as regras interpretativas da QCA, apenas configurações cuja consistência lógica fosse superior a 0,5 puderam ser consideradas empiricamente válidas, de modo a poderem explicar o resultado segundo a lógica booleana, pelo que se obteve o seguinte conjunto de configurações:

*free country*government effectiveness*control of corruption	*free country*GOVERNMENT EFFECTIVENESS*control of corruption
Bolívia, República Dominicana, El Salvador, Honduras, México, Nicarágua, Venezuela	Colômbia

Outcome → jurisdictional privilege

---

13. A Freedom House avalia o acesso das pessoas aos direitos políticos e às liberdades civis em 210 países e territórios por meio do seu relatório anual *Freedom in the World*. As liberdades individuais – desde o direito de voto até a liberdade de expressão e a igualdade perante a lei – podem ser afetadas por intervenientes estatais ou não estatais. A pontuação da Freedom House sobre as liberdades dos países está disponível em: https://freedomhouse.org/countries/freedom-world/scores

14. A *Varieties of Democracy* (*V-DEM*) classifica os regimes políticos do mundo em quatro categorias principais: Democracia Liberal; Democracia Eleitoral; Autocracias Eleitorais; Autocracias Fechadas. Cf.: https://www.v-dem.net/democracy_reports.html

15. O *Worldwide Governance Indicator* (WGI) produzido pelo Banco Mundial reportou indicadores de governança (agregados e individuais) para mais de 200 países e territórios durante o período 1996-2020. Cf.: http://info.worldbank.org/governance/wgi/

16. Cf.: http://info.worldbank.org/governance/wgi/

A redução booleana à fórmula mínima – ou seja, a manutenção apenas das condições observadas em todas as configurações válidas – permitiu observar que (1) *não ser um país livre* e (2) *ter baixo controle da corrupção* são as condições presentes em ambas as configurações. Portanto, é possível reescrever as configurações conjunturais em uma única fórmula:

*free country*control of corruption → jurisdictional privilege

Assim, segundo os dados da pesquisa realizada, *não ser um país livre e não ter efetivo controle da corrupção são condições necessárias e suficientes* para que um país tenha *foro privilegiado* para presidentes, vice-presidentes, deputados e/ou senadores, entre outras autoridades, nos textos das suas constituições (Oliveira; Gomes Neto; Barros, 2023).

Embora represente um avanço qualitativo significativo na compreensão do fenômeno institucional objeto daquela pesquisa, a Análise Qualitativa Comparativa não foi capaz de explicar por que países livres e com relativa qualidade institucional (por exemplo, Costa Rica e Brasil) apresentam muitas situações de foro privilegiado.

Talvez esse seja mais um indicador da necessidade de rever alguns dos critérios de classificação institucional dos regimes jurídicos e políticos, bem como as definições formais, mínimas e submínimas utilizadas pelas agências internacionais para compreender os países latino-americanos, incluindo peculiaridades institucionais regionais (Oliveira; Gomes Neto; Barros, 2023).

5.3.2 Expansão do crime organizado na Itália

O trabalho de Gavilán (2023) apresenta uma análise comparativa das causas da expansão do crime organizado nas regiões Centro-Norte italianas durante 2021. Para tanto, apresenta a seguinte questão de pesquisa: quais condições contextuais explicam a expansão das máfias em algumas regiões da Itália e em outras não durante o ano de 2021? Foram testadas duas hipóteses: a baixa qualidade institucional das administrações públicas, por um lado; e a situação de elevado desenvolvimento econômico e dependência da despesa pública devido à pandemia de covid-19, por outro. A técnica csQCA, nessa situação, foi usada para analisar comparativamente 12 regiões italianas, cujo resultado confirma as hipóteses propostas (Gavilán, 2023).

Com base no Índice Sintético de Presença da Máfia proposto por Mocetti e Rizzica, que por sua vez utilizaram a ajuda do Índice de Presença da Máfia 2011, proposto por Calderoni, Mariam Gavilán verificou que, além das regiões tradicionais (Sicília, Campânia, Calábria e Puglia), a máfia também opera nas regiões Centro-Norte do país. Assim, o *resultado* que se pretendeu explicar comparativamente é a presença dessa organização criminosa nas regiões italianas do Centro-Norte. Dessa maneira, os casos submetidos à análise em questão foram as regiões italianas do Lácio, Ligúria, Piemonte, Lombardia, Toscana, Úmbria, Vêneto, Marche e Emilia Romagna. Em cada caso, foram identificados indicadores (*condições*) cuja presença ou ausência representou, naqueles locais, *qualidade institucional (I), desenvolvimento econômico (PIB) e valor agregado (VA)* (Gavilán, 2023).

A matriz seguinte mostra os valores (dados brutos – *crisp-set*) codificados, caso a caso, a partir dos dados categóricos mostrados na tabela anterior, na qual foi definido, a partir de critérios claros expressos no citado trabalho, o valor 1 para a presença da condição ou resultado, e o valor 0 para a sua ausência.

A análise comparativa (csQCA) das configurações empíricas para o resultado de interesse revelou três configurações lógicas específicas com relação causal com aquele resultado (presença da criminalidade organizada naquela região italiana):

I * PIB * VA	OU	I* ~PIB * ~VA	OU	~I * PIB * VA

Tanto a primeira como a terceira configuração são idênticas, exceto por uma condição, que é irrelevante porque seria logicamente redundante, por isso procedeu-se à sua eliminação pela redução booleana. De modo que:

$$PIB * VA + I * {\sim}PIB * {\sim}VA \rightarrow \text{Presença de criminalidade organizada}$$

Tal análise deve ser lida da seguinte maneira: a *presença* de Desenvolvimento Econômico (PIB) elevado combinado com a *presença* de Valor Agregado (VA) ou a *presença* de Qualidade Institucional (I), combinada com as *ausências* de Desenvolvimento Econômico (~PIB) e de Valor Agregado (~VA), são configurações lógicas suficientes para a verificação de atividades mafiosas naquelas regiões administrativas italianas que foram comparadas (Gavilán, 2023).

Com base nos resultados da análise, as variáveis mais correlacionadas com esse fenômeno são um elevado PIB *per capita* e uma maior dependência da economia local dos gastos públicos, o que sugere que as organizações criminosas têm predominantemente como alvo territórios que oferecem maiores oportunidades de investimento, especialmente no que diz respeito a fixar sua extração no setor público. Além disso, o grau de infiltração de organizações criminosas nas atividades produtivas, tal como percebido pelos empresários locais, aumentou significativamente, especialmente nos setores em que os níveis de atividade econômica se contraíram mais devido à covid-19. Esse processo de infiltração teria ocorrido principalmente por meio da aquisição de propriedade e/ou financiamento de empresas e não por meio de métodos coercitivos e, portanto, aproveitando a vulnerabilidade econômica e financeira das empresas (Gavilán, 2023).

5.3.3 Fatores explicativos da morosidade das demarcações de terras indígenas no Brasil

Os processos administrativos de reconhecimento de terras indígenas (TIs) no Brasil normalmente podem levar décadas para chegar a termo. Por outro lado, povos indígenas que habitam em TIs não reconhecidas em caráter final são mais vulneráveis a uma série de violações de direitos, o que torna urgente a conclusão dos respectivos procedimentos na respectiva esfera administrativa.

A recente pesquisa elaborada por Soares *et al.* (2024) pretendeu oferecer uma resposta à seguinte pergunta: *Por que alguns processos demarcatórios demoram mais do que outros?* Nela, empregaram a técnica da csQCA para responder o problema de pesquisa (*resultado*), posto que o fenômeno analisado (tempo) poderia ser encaixado numa dicotomia simples: "1" para a TI cujo processo demarcatório, concluído ou não em 2022, ultrapassou cinco anos, e "0" para a TI cujo processo, finalizado ou não, está dentro da janela temporal estipulada, ou seja, categorizando em demarcações temporalmente injustas (1) e naquelas temporalmente justas (0).

Em seguida, a pesquisa de Soares *et al.* (2024) se debruçou sobre um conjunto de quarenta casos de demarcação de TIs. A escolha seguiu o seguinte itinerário. Em um primeiro momento, foram solicitados, via Lei de Acesso à Informação (LAI), a planilha de dados atualizados da Fundação Nacional dos Povos Indígenas (Funai) sobre as TIs existentes no país. Na sequência, procederam à seleção dos casos buscando maximizar características desejáveis. Primeiramente, casos de TIs com tamanhos similares. No Norte, preocuparam-se em comparar TIs de grande extensão, ou seja, com mais de 1 milhão de hectares de área. Nas demais regiões, o referido critério se manteve, mas sem a linha de corte estabelecida para a primeira, uma vez que as demarcações fora da Região Norte raramente são de grande porte. Com vistas ao aumento da complexidade e à variação dos casos, foi também considerada a incidência da TI demarcada sobre diversos municípios ou estados, aquelas localizadas em faixa de fronteira, a conflitualidade dos processos demarcatórios em curso e a alta densidade populacional dos estados em que as TIs se localizam (Soares *et al.*, 2024).

Assim, com base nos critérios acima elencados, foram selecionados pelas autoras os seguintes casos representativos de demarcações de TIs: (1) Casos das regiões Norte e Centro-Oeste: JT, CL, WA, KT, MK, NW, AC, YK, CC, KRP, IW, UW, TD e C1; (2) Casos da Região Nordeste: AB, AV, PT, BC, PMM, TK, CJP, PO e KW; (3) Casos das regiões Sul e Sudeste: BV, RS, IR, CP, MC, XPC, BV, YL, XP, RC, GT, JG, IT, TP, GB, XC e TPQ. Trata-se, portanto, de um conjunto de 40 casos, sendo 18 já concluídos e 22 no estágio declaratório. No que se refere ao aspecto temporal do ciclo demarcatório, foco desse artigo, 27 apresentam um tempo maior do que cinco anos de processo (AB, AV, CL, IP, JT, KT, MD, RS, SP, WA, PT, BC, PO, PMM, KW, TK, MC, XP, BV, RC, GT, C1, IW, UW, KRP, JG e TP) e 13 estão dentro dessa janela por nós estipulada como razoável (CP, NK, CJP, XPC, YL, AC, YK, CC, TD, IT, GB, XC e TPQ). Em conjunto, os casos conformam uma área de 11.957,486 milhões de hectares, incidindo sobre 58 municípios, 19 estados da federação, e abarcando uma população de 12.966 de habitantes, distribuídos em 20 povos indígenas (Soares *et al.*, 2024).

Definidos os casos objeto da análise comparativa, foram neles verificadas a presença ou a ausência das seguintes informações (condições) possivelmente explicativas para a morosidade dos processos administrativos de demarcação: Judicialização dos processos demarcatórios (JPD); Interesses econômicos (IE); Falta de coesão grupal indígena (FCG); Mudanças normativas infraconstitucionais (MNI); Multiplicação dos grupos de trabalho (MGT). Tal conjunto de dados brutos foi submetido à análise por csQCA, pelo que se obteve as configurações lógicas relacionadas à existência de morosidade (tempo = 1) na tramitação dos procedimentos de demarcação de terras indígenas, onde se encontrou duas configurações lógicas que efetivamente explicam 22 casos, entre aqueles componentes da análise e podem ser lidas da seguinte forma:

Quadro 27. Configurações lógicas obtidas

*JPD * IE * FCP*	Na primeira configuração, a presença conjunta da judicialização de processos demarcatórios, a presença de interesses econômicos e a falta de consulta aos povos indígenas são determinantes para a morosidade.
*~JPD * IE * ~FCG * ~FCP*	Na segunda configuração, vê-se um conjunto de casos em que a força do interesse econômico contribuiu sozinha para a morosidade, a despeito da ausência dos demais fatores supostamente determinantes.

Fonte: elaborado pelos autores, com base em Soares *et al.* (2024).

Os achados encontrados pelas autoras por meio da técnica csQCA apontam para a força dos interesses econômicos (IE) sobre os territórios indígenas como fator a bloquear as demarcações, assim como chamam a atenção também para o fato de que a judicialização dos processos demarcatórios (JPD) é também um fator relevante para a postergação de sua conclusão (Soares *et al.*, 2024).

5.3.4 A armadilha da democracia direta: uma análise qualitativa dos poderes legislativos dos presidentes na América do Sul

Como instrumentos da democracia direta estariam associados a um menor nível de democracia? Entre o final do século XX e início do XXI, a América Latina presenciou uma nova onda de governos populistas de esquerda. Ao chegarem ao poder, por exemplo, os mandatários de Venezuela, Bolívia e Equador promulgaram novas constituições que preveem a ampla incorporação de instrumentos da democracia direta, como a consulta legislativa popular, com destaque para o poder presidencial de convocar referendos (Barros, 2017).

Em seu trabalho, Ana Tereza Duarte Lima de Barros (2017) propõe que, nas referidas condições, o referendo, quando convocado pelo presidente, serve para que o líder possa apelar diretamente às massas para a aprovação de sua agenda legislativa, sem qualquer intermediação legislativa, uma das principais características do populismo. Por meio da ferramenta csQCA foi feita uma análise qualitativa dos poderes legislativos dos presidentes na América do Sul, a partir da comparação entre vários países quanto à previsão constitucional de poder unilateral da presidência para convocar mecanismos legislativos de participação popular e os respectivos níveis de liberdade, aferidos pelo indicador de qualidade institucional Freedom House[17].

---

17. A Freedom House avalia o acesso das pessoas aos direitos políticos e às liberdades civis em 210 países e territórios por meio do seu relatório anual *Freedom in the World*. As liberdades individuais – desde o direito de voto até a liberdade de expressão e a igualdade perante a lei – podem ser afetadas por intervenientes estatais ou não estatais. A pontuação da Freedom House sobre as liberdades dos países está disponível em: https://freedomhouse.org/countries/freedom-world/scores

Quadro 28. Mecanismos de democracia direta na América Latina

País	Veto	Decreto	Referendo	Nível de democracia (*outcome*)
Argentina	1	0	0	0
Bolívia	0	1	1	1
Brasil	1	1	0	0
Chile	1	0	0	0
Colômbia	1	1	1	1
Equador	1	1	1	1
Paraguai	1	0	1	1
Peru	1	0	0	0
Uruguai	1	0	0	0
Venezuela	0	0	1	1

Fonte: Barros (2017).

A partir da análise, foram obtidas as configurações lógicas abaixo reproduzidas, que apontam as relações lógicas entre as condições a partir da comparação entre os casos por ela estudados.

Quadro 29. Configurações lógicas obtidas

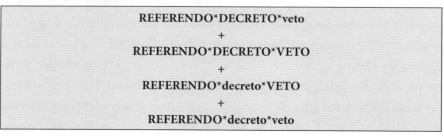

Fonte: Barros (2017).

A primeira fórmula (REFERENDO*DECRETO*veto) corresponde à Bolívia; a segunda fórmula (REFERENDO*DECRETO*VETO) à Colômbia e ao Equador; a terceira fórmula (REFERENDO*decreto*VETO) ao Paraguai; e a quarta fórmula (REFERENDO*decreto*veto) à Venezuela. As palavras em letra maiúscula indicam que a condição está presente, já as palavras em letra minúscula indicam que a condição está ausente. A fórmula mínima nos permite observar que a condição "referendo" sempre se faz presente nos países considerados parcialmente livres [1], porém as outras condições presentes nas combinações variam de país para país, de modo que não se pode afirmar que essas outras condições desempenhem um papel institucional importante no que diz respeito ao país ser considerado parcialmente livre (Barros, 2017). Pode-se, então, reescrevê-las em uma única fórmula:

REFERENDO → país parcialmente livre

Diante das configurações encontradas, Barros (2017) concluiu que a previsão constitucional do poder presidencial de convocar referendos está associada a um menor nível democrático, dado que o referendo se mostrou ser condição necessária e suficiente para que um país sul--americano seja considerado com baixo nível democrático, servindo para que líderes populistas pudessem aprovar suas agendas legislativas sem enfrentar as oposições na arena legislativa.

Como foi exposto, Venezuela, Equador, Bolívia, Colômbia e Paraguai, na qualidade de países em que o presidente possui a prerrogativa constitucional de convocar os cidadãos para referendos com caráter vinculante, são considerados "parcialmente livres" pelo índice Freedom House; por sua vez, Argentina, Brasil, Chile, Peru e Uruguai estão fortemente associados à categoria "livres" e não possuem a referida previsão constitucional de convocatória de referendo, por parte do presidente, sendo este o denominador comum presente apenas entre os países sul-americanos que mais violam os direitos políticos e as liberdades civis.

Por sua vez, os resultados por ela obtidos enfraquecem a teoria defendida pelos autores neoconstitucionalistas de que o referendo seria instrumento para aprofundar a democracia, ao permitir uma maior participação cidadã. Na verdade, o poder de convocatória de referendos, quando unicamente nas mãos de um presidente, pode se transformar em um instrumento com *vocação autoritária*, cuja finalidade, na maioria dos casos, é permitir que o líder populista – no caso analisado, o presidente da república – possa fazer valer a sua vontade por meio do apoio popular, sem que as propostas que refletem suas preferências políticas passem pelo crivo do Legislativo e pelos demais pontos de veto inerentes à democracia (Barros, 2017).

5.3.5 Resiliência eleitoral dos presidentes latino-americanos após a crise de 2008

Como explicar a maior resiliência política da esquerda radical, comparativamente à esquerda moderada, diante de situações econômicas adversas (crise de 2008)? Com base em análises de eleições ocorridas em 18 democracias presidencialistas latino-americanas entre 2009 e 2017, Diego Sanches Corrêa (2020) pretendeu explicar por que alguns presidentes foram bem-sucedidos eleitoralmente e se mantiveram no poder, enquanto outros não. Para isso, além do perfil ideológico do chefe de governo, analisou a importância de outros dois fatores teoricamente capazes de melhorar seus prognósticos de sobrevivência: o controle sobre o Legislativo e o controle sobre a sociedade civil (Corrêa, 2020).

Esse trabalho analisa dados do evento em que o risco de queda do chefe de governo é maior em um regime democrático presidencialista: a eleição presidencial. Para explicar diferenças nas capacidades de sobrevivência dos líderes políticos latino-americanos, foram analisadas todas as 37 eleições presidenciais que ocorreram nas 18 democracias presidencialistas do continente entre 2009 e 2017. Assim, o resultado de interesse "sobrevivência eleitoral" foi testado diante do seguinte conjunto de condições: (1) Controle sobre o Legislativo; (2) Controle sobre a sociedade civil; e (3) se o partido do governo integrou a denominada esquerda radical, conforme definições realizadas pela literatura referenciada na pesquisa (Corrêa, 2020).

Em seguida, o conjunto de dados foi submetido à análise comparativa pela técnica csQCA, por meio da qual se obteve o seguinte conjunto de configurações lógicas explicativas da sobrevivência eleitoral dos presidentes naquelas condições econômicas desfavoráveis:

Quadro 30. Configurações lógicas obtidas

*CONT.LEG * CONT.SOC.CIVIL*	Presença conjunta de controles sobre o Legislativo e sobre a sociedade civil.
*CONT.LEG * esq.radical*	Presença de controle sobre o Legislativo em um cenário em que o incumbente não seja da esquerda radical (ausência).
*cont.leg * cont.soc.civil * ESQ. RADICAL*	Ausência conjunta de controles sobre o Legislativo e sociedade civil e presença da condição esquerda radical.

Fonte: Corrêa (2020).

Aparentemente, a esquerda radical consegue sobreviver eleitoralmente mesmo sem controlar o Executivo e a sociedade civil, já que não foram observados casos de derrotas entre seus líderes no período estudado. Por outro lado, não é necessário que o líder seja radical de esquerda para sobreviver. A análise indica que isso seria possível com governos de qualquer ideologia, desde que controlassem o Legislativo e a sociedade civil (Corrêa, 2020).

A identificação de fatores associados à sobrevivência de certos grupos políticos no poder e os importantes *insights* para a compreensão da conjuntura política latino-americana após a crise financeira global de 2008 foi possível por meio da aplicação bem-sucedida de uma Análise Qualitativa Comparativa do tipo *crisp-set* (Corrêa, 2020).

5.3.6 *Políticas europeias desenhadas em parlamentos regionais*

A pesquisa de Corcaci e Deters (2024) investiga a influência dos parlamentos regionais na política da União Europeia (UE) a partir do estudo dos parlamentos regionais na Alemanha. O contexto específico da investigação feita diz respeito à implementação da Diretiva dos Trabalhadores Destacados (PWD, *Posted Workers Directive* no original), uma legislação da União Europeia que regula as condições sob as quais os trabalhadores podem ser destacados para realizar trabalho em um país-membro diferente daquele em que estão empregados. O objetivo principal dessa diretiva é garantir que os direitos dos trabalhadores destacados sejam protegidos e que as condições de trabalho sejam justas.

A pesquisa examinou em nível regional: a adaptação comportamental dos legisladores e as questões substantivas da política local e regional. Esse tipo de abordagem multinível permitiu uma visão mais abrangente de como os parlamentos regionais interagem com as políticas da UE. Para isso, os autores recorreram à csQCA para avaliar detalhadamente as várias condições sob as quais os legisladores estaduais adotaram posições específicas em relação à política da UE: (i) localização geográfica: se o estado é da Alemanha Oriental ou Ocidental; (ii) existência de cláusulas de conformidade salarial: se o estado tinha cláusulas que exigiam que as empresas que participavam de licitações públicas pagassem salários conforme acordos coletivos antes da Decisão Rüffert do Tribunal de Justiça da União Europeia (CJEU); (iii) posição política: se o grupo parlamentar estava na oposição ou na situação. Todas as condições foram operacionalizadas de forma binária (presente ou ausente) e calibradas para a técnica csQCA.

A QCA permitiu identificar combinações específicas dessas condições que levaram ao apoio à reforma da PWD. Os resultados configuracionais mostraram alguns pontos interessantes: (a) apoio da Esquerda: os grupos de esquerda, como o Partido Social-Democrata (SPD, em alemão: *Sozialdemokratische Partei Deutschlands*) e Die Linke, mostraram apoio à reforma em estados com cláusulas de conformidade salarial, indicando que a presença dessas cláusulas influenciou positivamente a disposição para apoiar a reforma da PWD; (b) reação à liberalização: em estados onde a liberalização das leis de contratação pública foi percebida como uma ameaça, houve um impulso para que os legisladores buscassem uma reforma da PWD para proteger os direitos dos trabalhadores; (c) diferenciação regional: os resultados também mostraram que a localização geográfica influenciou as respostas dos parlamentares, com estados orientais e ocidentais apresentando diferentes níveis de apoio, refletindo as disparidades socioeconômicas e políticas.

Quadro 31. Configurações lógicas obtidas

*PARTY * DYNAMICS*	Presença conjunta de identidade partidária e de dinâmica das oposições.
*PARTY * REGION*	Presença conjunta de identidade partidária e apoio dos parlamentos regionais.
*PARTY * REGULATION*	Presença conjunta de identidade partidária e de normas europeias de regulação sobre o tema.

Fonte: Corcaci e Deters (2024, p. 16).

Os resultados configuracionais indicaram que não havia uma única condição que determinasse o apoio à reforma da PWD, mas sim uma combinação de fatores variando entre os estados. A QCA revelou que a interação entre a localização geográfica, a presença de cláusulas de conformidade salarial e a posição política dos grupos parlamentares era crucial para entender as dinâmicas de apoio à reforma. Em resumo, o uso de QCA no trabalho permitiu uma análise detalhada das condições que influenciaram o apoio à reforma da PWD, destacando a complexidade das interações entre diferentes fatores e a importância do contexto regional na formulação de políticas.

Além da combinação de fatores levando a diferentes resultados, essa abordagem produziu uma compreensão mais nuançada do comportamento legislativo, destacando como a atividade parlamentar não é apenas uma resposta a legislações pendentes, mas também é influenciada por decisões judiciais no nível da UE. Isso revela a complexidade do processo legislativo e a interação entre diferentes níveis de governança.

IMPORTANTE LEMBRAR!

• A análise comparativa *crisp-set* (csQCA) emprega as *condições dicotômicas*, em que valores que são traduzidos em 0 ou 1 (*pertencimento ou não à categoria ou ao conjunto*), sendo utilizada para obter "fórmulas mínimas", isto é, configurações lógicas que explicam o resultado: quanto mais condições são adicionadas, mais possibilidades lógicas de combinações podem existir;

• Isso corresponde à forma como os conjuntos são geralmente percebidos, notadamente *como caixas nas quais os casos podem ser* (a critério do pesquisador) *classificados ou não*;

• A csQCA, portanto, é adequada a pesquisas empíricas que tratam de um número reduzido de ocorrências cujos resultados e respectivas condições são expressos por meio de dados organizados a partir de variáveis categóricas nominais discretas, isto é, codificadas mediante entradas binárias (0 ou 1) equivalentes à presença ou não da categoria em cada um dos casos analisados;

• A csQCA consiste em uma ferramenta de pesquisa apropriada para lidar com conjuntos binários em estudos comparativos, devido à sua capacidade de lidar com relações complexas entre variáveis.

6
Análise Qualitativa Comparativa multi-value (mvQCA)

6.1 O que é?

> Já a variante *multi-value* (mvQCA) é justamente uma tentativa de moldar a ferramenta para lidar com conceitos e fenômenos descritos em termos não dicotômicos (Perissinotto; Nunes, 2023b, p. 78).

A lógica multivalorada foi desenvolvida na década de 1920 como uma alternativa à lógica binária clássica, na qual os itens eram simplesmente tratados como membros de um determinado conjunto ou não, incorporando condições que consistem em mais de duas categorias e permanecendo discreta (binária) no sentido de que as condições não podem assumir todos os valores possíveis dentro do conjunto estudado (Vink; Van Vliet, 2009).

Nessa perspectiva, a lógica multivalorada está mais próxima da lógica binária do que da lógica *fuzzy*, podendo aqui expressar graus de pertinência ao conjunto, expressos em camadas de pertencimento. Assim, a técnica comparativa mvQCA altera estruturas da técnica anterior para compatibilizar elementos da lógica dos valores e da lógica booleana e lidar com condições expressas em mais de dois valores (Cronqvist; Berg-Schlosser, 2009).

> **A mvQCA traz para a análise comparativa valores que vão além da mera verificação de pertencimento (ou não) a determinado conjunto.**

Nela, o objetivo ainda é fazer afirmações de necessidade e/ou suficiência, baseado em um dispositivo analítico que se assemelha a uma tabela-verdade. No entanto, ao permitir múltiplas categorias nas condições, a fundamentação das configurações explicativas na teoria dos conjuntos ocorre de forma indireta (Schneider; Wagemann, 2012). Essa fundamentação indireta na teoria dos conjuntos permite uma compreensão mais matizada e complexa das relações entre diferentes condições e resultados. Ao incorporar múltiplas categorias, a análise pode captar a interação entre vários fatores e os seus efeitos combinados sobre a necessidade ou suficiência de um resultado específico.

A mvQCA (*multi-value QCA*) permite que algumas condições tenham mais do que apenas dois valores (característicos da técnica original da QCA), normalmente três, para permitir a compreensão de um agrupamento (conhecimento detalhado dos subconjuntos) mais sutil (Vink; Van Vliet, 2009). Trata-se de um desenvolvimento, a partir da técnica anterior (csQCA), para conseguir lidar com condições que se expressam em termos não dicotômicos, admitindo gradações de valores (Perissinotto; Nunes, 2023a). Essa abordagem permite uma exploração mais abrangente da lógica subjacente que rege uma determinada situação que não pode simplesmente ser traduzida em termos binários, levando a *insights* mais ricos e a conclusões mais robustas. Em última análise, ao aproveitar a teoria dos conjuntos dessa forma (incluindo elementos de lógica multivalorada), o dispositivo analítico torna-se uma ferramenta poderosa para descobrir padrões e conexões ocultos dentro de sistemas complexos, traduzidos em múltiplas camadas de informação.

6.2 Quando usar?

É adequada para a análise de conjuntos multinomiais (*multi-value*), nos quais os valores não apenas representam de forma binária (dicotômica) a presença (1) ou a ausência da condição (0), mas também outros valores representativos de *divisões dentro de uma mesma categoria* ou de *uma ordem numa escala categórica.*

Quadro 32. Conjunto multivalorado

Evento	Resultado	Condição 1	Condição 2	Condição 3
Evento 1	1	1	1	1
Evento 2	0	2	2	0
Evento 3	0	1	0	2
Evento 4	1	3	1	1
Evento 5	1	0	2	1

Fonte: elaborado pelos autores para efeitos didáticos.

Os valores das condições preenchidos na matriz (predefinidos no desenho da pesquisa e fundamentados na respectiva literatura) representam subdivisões dentro de um conjunto (0, 1, 2 ou 3 para *brancos, amarelos, pardos, ou negros,* numa condição que analise a influência da raça sobre o resultado) ou posições numa determinada ordem, a exemplo de uma escala de satisfação (0, 1 ou 2 para *pouco satisfeito, satisfeito ou muito satisfeito*) ou uma escala de qualidade institucional (0, 1 ou 2 para *autocracia, semidemocracia ou democracia*). Admite, ainda, na mesma análise, comparar condições binárias e multivaloradas, absorvendo funções próprias da técnica csQCA.

Uma nota importante: se os dados (*referentes às condições*) forem dicotômicos por natureza ou se a dicotomização não apresentar dificuldades, é melhor tentar primeiro a csQCA e então passar para a mvQCA se houver muitas contradições e não houver outra maneira de resolver essa questão; por outro lado, se os dados brutos variam (em muitos graus ou camadas) por natureza, é melhor usar a fsQCA, apresentada no próximo capítulo (Rihoux *et al.*, 2009).

Já os valores referentes aos *resultados de interesse,* por sua vez, de modo geral, *tradicionalmente devem permanecer dicotômicos (0 ou 1)* para o regular funcionamento da técnica, em se tratando de pesquisa que emprega mvQCA, apesar de admitidas as condições multivaloradas (Cronqvist; Berg-Schlosser, 2009)[18].

O mvQCA, portanto, é uma ferramenta versátil para analisar conjuntos de dados complexos que vão além de simples distinções binárias. Ao permitir a consideração de múltiplos valores dentro de uma única categoria, os pesquisadores podem obter uma compreensão mais sutil das relações entre diferentes variáveis. Além disso, a capacidade de incorporar uma ordem numa escala categórica acrescenta outra camada de profundidade à análise, permitindo interpretações mais sofisticadas dos dados.

No geral, o mvQCA fornece uma abordagem abrangente para analisar conjuntos multinomiais derivados de dados brutos que podem revelar padrões e relacionamentos entre condições que podem não ser aparentes com métodos binários tradicionais.

6.3 Exemplos na literatura

6.3.1 Governança e capacidades estatais

O artigo "Governança e capacidades estatais: uma análise comparativa de programas federais", de Roberto Rocha Coelho Pires e Alexandre de Ávila Gomide (2016), investiga as condições que tornam o Estado brasileiro, especificamente o Poder Executivo Federal, mais capaz de produzir políticas públicas eficazes e inovadoras. A pesquisa se concentra na análise comparativa de oito programas e políticas públicas implementadas entre 2003 e 2013, durante os governos de Lula e Dilma. Seu objetivo é entender como os arranjos institucionais desses programas influenciam as capacidades estatais e, consequentemente, o desempenho e os resultados

---

18. Há autores, entretanto, que se aventuram em empregar a técnica para resultados também multivariados, como poderá ser observado ao longo deste capítulo.

das políticas. O artigo propõe uma revisão do conceito de capacidade estatal, incorporando dimensões político-relacionais e avaliando as capacidades estatais por meio dos arranjos institucionais. A análise empírica revela que a interação entre burocracias estatais e agentes políticos, a incorporação de canais participativos e a fiscalização dos programas são fatores que promovem a inovação e a eficácia na implementação das políticas públicas (Pires; Gomide, 2016).

O artigo discute diversos arranjos institucionais que marcaram a implementação de políticas públicas pelo Governo Federal no Brasil entre 2003 e 2013. Embora o texto não forneça uma lista exaustiva dos arranjos, ele enfatiza a importância de como esses arranjos são configurados e como influenciam as capacidades estatais e os resultados das políticas. Os principais aspectos abordados incluem: (i) interação entre burocracias estatais e agentes políticos: a maior interação entre esses grupos é destacada como um fator que pode criar oportunidades para debates e inovações durante a implementação das políticas; (ii) canais participativos: a incorporação de mecanismos que permitem a participação da sociedade civil e de outros participantes é vista como um elemento crucial para a eficácia das políticas públicas; (iii) fiscalização e *accountability*: a exposição dos programas à fiscalização é mencionada como um aspecto que contribui para a revisão e inovação dos processos de implementação; (iv) configuração de arranjos específicos: o artigo sugere que a produção de políticas públicas requer uma configuração de arranjos institucionais específicos, adaptados às características de cada programa ou projeto analisados em relação à sua capacidade de dotar o governo de habilidades de implementação e à sua associação com os resultados observados nas políticas públicas (Pires; Gomide, 2016).

Os autores selecionaram casos de políticas públicas para análise com base em critérios específicos que garantissem a homogeneidade do contexto de implementação e a heterogeneidade das áreas temáticas. Os principais critérios de seleção foram: (i) homogeneidade do contexto político-institucional: todos os casos foram criados sob o mesmo marco normativo e institucional, promovendo o desenvolvimento econômico e social, e foram implementados no mesmo período, 2003-2013, sob governos do Partido dos Trabalhadores (PT), que formaram amplas coalizões com outros partidos de centro e centro-esquerda; (ii) heterogeneidade das áreas temáticas: os casos foram escolhidos para abranger diferentes áreas da política, como infraestrutura, desenvolvimento industrial e políticas sociais, o que permitiu observar a ação do Estado em diversos contextos de implementação, enriquecendo a análise comparativa; (iii) prioridade federal: os programas e políticas selecionados eram considerados prioritários pelo Governo Federal durante o período em questão, o que indica sua relevância e impacto potencial na sociedade.

Esses critérios garantiram que a análise fosse robusta e permitisse uma comparação significativa entre os diferentes arranjos institucionais e seus efeitos nas capacidades estatais e nos resultados das políticas públicas. Para realizar essa pesquisa, os autores utilizaram um *multi-value QCA* para comparar sistematicamente os arranjos institucionais e as capacidades estatais associadas a diferentes programas federais e seus respectivos resultados. Os autores selecionaram oito programas federais emblemáticos, que foram analisados em termos de suas capacidades técnico-administrativas e político-relacionais. Cada programa foi avaliado com base em critérios específicos que medem as capacidades técnico-administrativas (como organização, coordenação e monitoramento) e as capacidades político-relacionais (como participação e controle social). Para cada um dos programas foram definidos critérios dicotomizados, permitindo uma análise clara das características de cada caso (Pires; Gomide, 2016).

Quadro 33. Configurações lógicas obtidas

TEC.ADM-CAP{2} → OUTPUT_DEL {1}	A presença de altas capacidades técnico-administrativas está associada à alta entrega de produtos relacionados a políticas públicas (OUTPUT_DEL), tendo em vista os casos Minha Casa, Minha Vida (MCMV), Programa Nacional de Acesso ao Ensino Técnico e Emprego (Pronatec), Programa de Revitalização da Indústria Naval (RIN), Programa Nacional de Produção e Uso de Biodiesel (PNPB) e Programa Bolsa Família (PBF).
TEC.ADM-CAP{2} * POL-CAP{2} + TEC.ADM-CAP{2} * POL-CAP{1} + TEC.ADM-CAP{1} * POL-CAP{2} → INNOV{1}	A inovação (INNOV), por sua vez, ocorre em uma das três configurações de condições: (a) altas capacidades técnico-administrativas simultaneamente presentes com altas capacidades político-relacionais (caso do Pronatec e RIN); ou (b) altas capacidades técnico-administrativas simultaneamente presentes com médias capacidades político-relacionais (caso do PBF e PNPB); ou (c) médias capacidades técnico-administrativas simultaneamente presentes com altas capacidades político-relacionais (caso do Projeto de Integração do Rio São Francisco [PISF]).

Fonte: Pires e Gomide (2016).

A análise comparativa revelou uma variação significativa nas configurações dos arranjos institucionais que sustentam a implementação das políticas. Foi possível observar que arranjos que favoreçam altas capacidades político-relacionais ampliam o potencial de revisão e inovação nas políticas públicas, enquanto aqueles que promovem altas capacidades técnico-administrativas tendem a resultar em melhor desempenho em termos de entrega de resultados (Pires; Gomide, 2016).

6.3.2 A atuação dos conselhos europeus de justiça e a autonomia dos juízes europeus

O que explica esse aparente paradoxo: parte significativa dos juízes europeus percebem que a atuação dos conselhos judiciais (instituições destinadas a proteger a independência judicial) desrespeita a sua autonomia? Com o auxílio da Análise Qualitativa Comparativa multivalorada (mvQCA), Ortiz (2017) buscou explicar as causas desse fenômeno. Testou-se a relação entre os juízes europeus terem opiniões negativas sobre os conselhos do judiciário (resultado) como resultado da interação entre selecionadas condições institucionais, políticas e sociojurídicas: (1) a gama de poderes dos conselhos; (2) o seu controle pelas elites políticas e grupos de interesse; e (3) o grau de corrupção judicial.

A fonte de dados do *resultado* foi o relatório de 2014-2015 da Rede Europeia de Conselhos do Poder Judiciário sobre "Responsabilidade do Poder Judiciário e do Ministério Público". Foi utilizada a questão (8.4) sobre se os juízes consideravam que o seu conselho da magistratura tinha respeitado a sua independência.

Em particular, o resultado foi construído tendo em conta a percentagem de respostas negativas a essa questão, excluindo da operacionalização respostas positivas ou respostas NS/NA. Isso significa que a investigação explica as causas da existência de grupos grandes, médios ou pequenos de juízes que consideram o seu conselho desrespeitoso pela independência, e não as percepções dos sistemas judiciários nacionais como um todo (Ortiz, 2017).

Quanto à primeira condição, a fonte dos dados foi a questão 8.7 do relatório que perguntava aos juízes se eles percebiam que sua respectiva *associação judiciária havia respeitado sua independência*. Assim como no desfecho, a operacionalização da condição levou em consideração a parcela de respostas negativas. Essas respostas registraram uma variação significativa entre países e variaram entre 1 e 11% dos juízes inquiridos. O ponto de dicotomização escolhido foi 6,5, um ponto intermédio na distribuição que marcou a transição para a existência de uma minoria significativa que percebe as associações de magistrados como desrespeitosas à independência dos juízes (Ortiz, 2017).

Na segunda condição, para avaliar as *competências dos conselhos*, foi seguido o índice fornecido pelo Painel de Avaliação da Justiça na UE de 2016, da própria Comissão Europeia. Esse índice agregou 11 questões (incluindo, entre outras, poderes de nomeação, promoção de juízes, ou poderes orçamentais), atribuindo a cada uma delas uma pontuação de 1 ponto, podendo variar de 0 a 11. O ponto de dicotomização foi 6, em que se observou a maior lacuna nos dados, e que novamente permitiu uma distribuição equilibrada dos casos na presença e ausência da doença (Ortiz, 2017).

A terceira condição tratou da *percepção de corrupção*: o índice de percepção da corrupção judicial veio do Barômetro Global da Corrupção (2010-2013), no qual as respostas possíveis variaram entre 1 e 5. Embora as médias nacionais reais geralmente não assumissem valores extremos e a maioria dos casos tivesse valores elevados de 3 ou mais, o ponto de dicotomização foi fixado em 3,8, com o objetivo de diferenciar os casos com uma percepção de corrupção muito elevada dos restantes (Ortiz, 2017).

Já na última condição, que tratava dos *procedimentos de nomeação dos conselhos*, foi criado um conjunto multivalor com três categorias. Uma categoria (0) incluía casos em que a nomeação de membros do Conselho Judicial era essencialmente controlada pelo poder judicial ou pelo menos não havia controle político sobre as nomeações (Irlanda, Itália, Letônia, Lituânia, Polônia, Inglaterra, País de Gales, Escócia e Irlanda do Norte); outra categoria (2) incluiu casos em que os atores políticos tiveram a última palavra na nomeação da maioria dos membros (Espanha, Portugal e Países Baixos); por último, foi criada outra categoria (1) para procedimentos de nomeação híbridos ou mistos (Bélgica, Bulgária, Dinamarca,

Romênia, Eslováquia, Eslovênia). Para atribuição das pontuações, as principais fontes de informação foram as fichas informativas dos estados-membros do site oficial do Conselho Nacional de Justiça (E-CNJ), complementadas com literatura sobre os casos (Ortiz, 2017).

O modelo resultante (Ortiz, 2017) previu quatro caminhos diferentes para as situações de alta percepção de interferência dos conselhos nas atividades judiciais, cobrindo cada um deles um caso diferente, tendo uma inclusão perfeita (1,000) e uma cobertura muito elevada (0,800, dada a exclusão do caso contraditório da Irlanda do Norte).

Quadro 34. Configurações lógicas obtidas

ASSOCIA_THREAT (1) * POWERS (1) * APPOINTMENT (2)	Uma ampla gama de poderes, um procedimento político de nomeação dos membros do conselho e associações judiciais altamente sob desconfiança.
ASSOCIA_THREAT (1) * POWERS (1) * APPOINTMENT (0)	Uma ampla gama de poderes, um procedimento jurídico de nomeação dos membros do conselho e associações judiciais altamente sob desconfiança.
POWERS (1) * CORRUPT (1) * APPOINTMENT (1)	Um conselho poderoso, uma elevada percepção de corrupção judicial e procedimento híbrido de nomeação.
POWERS (1) CORRUPT (1) * APPOINTMENT (2)	Um conselho poderoso, uma elevada percepção de corrupção judicial e procedimento político de nomeação.

Fonte: Ortiz (2017).

Com 36% dos juízes indicando desrespeito à sua independência, o Consejo General del Poder Judicial [Conselho Geral do Poder Judiciário] espanhol é de longe o conselho que obtém a pior avaliação no relatório. A primeira configuração explica os fatores por trás desses resultados claramente abaixo do ideal, combinando uma ampla gama de poderes, um procedimento político de nomeação dos membros do conselho e associações judiciais altamente sob desconfiança (Ortiz, 2017).

Por sua vez, a segunda configuração, que abrange o Consiglio Superiore della Magistratura [Conselho Superior da Magistratura] italiano, apresenta quase a mesma combinação de condições que o caminho que abrange a Espanha, mas agora observamos um processo de nomeação de membros do conselho dominado por juízes, em vez de políticos. Essa diferença pode ser importante: o conselho italiano ainda está no grupo de instituições mais frequentemente percebidas pelos juízes como desrespeitosas da sua independência (Ortiz, 2017).

A terceira e a quarta configurações são relativamente semelhantes e combinam um conselho poderoso, uma elevada percepção de corrupção judicial e procedimentos híbridos (Bulgária) ou políticos (Portugal) para a nomeação de membros da instituição (Ortiz, 2017).

Ao analisar as respostas à questão de saber se os conselhos respeitavam a independência judicial, observou-se que, em vários casos, a percentagem de respostas negativas foi, de fato, *relativamente baixa*. Com efeito, essa pesquisa mostra as combinações de condições que levaram a essa avaliação mais positiva dos conselhos judiciais por parte dos juízes. Ao analisar isso, foram introduzidas no modelo as mesmas quatro condições da subseção anterior (Ortiz, 2017).

Quadro 35. Configurações lógicas obtidas

ASSOCIA_THREAT (0) * POWERS (0) * CORRUPT (0)	Conselhos com poderes limitados, baixa percepção da corrupção judicial e casos nos quais as associações judiciais não são percebidas como uma ameaça.

Fonte: Ortiz (2017).

A configuração aponta para conselhos judiciais com poderes limitados, baixa percepção da corrupção judicial e casos nos quais as associações judiciais não são percebidas como uma ameaça (Ortiz, 2017).

Quadro 36. Configurações lógicas obtidas

ASSOCIA_THREAT (0) * POWERS (0) * CORRUPT (1) * APPOINTMENT (1)	Um conselho sem poder e uma baixa percepção de desrespeito à independência por parte das associações, mas uma elevada percepção de corrupção e um modelo híbrido de nomeação.
ASSOCIA_THREAT (0) * POWERS (1) * CORRUPT (0) * APPOINTMENT (1)	Baixas percepções de corrupção e de desrespeito à independência por parte das associações, mas com conselhos poderosos e modelos híbridos de nomeação.
ASSOCIA_THREAT (0) * POWERS (1) * CORRUPT (1) * APPOINTMENT (0)	Boas avaliações das associações judiciais e um procedimento de nomeação controlado pelo poder judicial, mas um conselho poderoso e uma elevada percepção de corrupção.

Fonte: Ortiz (2017).

Por fim, o modelo (Ortiz, 2017) analisou situações em que havia moderada percepção sobre a interferência dos conselhos na independência judicial. A primeira configuração, abrangendo a Eslováquia, incluía um conselho sem poder e uma baixa percepção de desrespeito à independência por parte das associações, mas uma elevada percepção de corrupção e um modelo híbrido de nomeação. A segunda via, abrangendo a Romênia e a Eslovênia, apresentava baixas percepções de corrupção e de desrespeito à independência por parte das associações, mas tinha conselhos poderosos e modelos híbridos de nomeação. E a terceira via, que abrange a Lituânia, tinha boas avaliações das associações judiciais e um procedimento de nomeação controlado pelo poder judicial, mas um conselho poderoso e uma elevada percepção de corrupção. Aqui, diferentes combinações de condições apontando em direções opostas provocaram resultados intermediários (Ortiz, 2017).

Como resultado, os conselhos europeus da magistratura não parecem ter cumprido a promessa de um sistema judicial mais independente e de um Estado de Direito mais forte, ou pelo menos não o suficiente. Embora a centralização da gestão do poder judicial nessas instituições possa parecer *a priori* uma boa ideia, os desenhos institucionais deficientes dos conselhos podem acabar por ser uma fonte de novos problemas para os tribunais e juízes. Nesses casos, Ortiz (2017) sugere a reforma institucional desses órgãos apoiada por análises baseadas em evidências.

6.3.3 Presidencialismo de coalizão em congressos bicamerais: como o controle de uma maioria bicameral afeta a sobrevivência da coalizão?

Como são os gabinetes de coligação afetados pelo não controle de uma ou de ambas as câmaras? O trabalho feito por Albala (2017) concentra a análise nos 25 casos de gabinetes de coalizão na América Latina desde o retorno da democracia e apresenta um quadro bicameral, comparando as ocorrências por meio da técnica mvQCA. Para tanto, definiu a sobrevivência da coalizão legislativa durante o mandato presidencial como seu resultado de interesse e cinco condições, cada uma representando uma das hipóteses testadas na pesquisa: (C1) existência de maioria legislativa (0 para ausência, 1 para maioria em uma casa legislativa e 2 para maioria bicameral); (C2) possibilidade de reeleição (binária); (C3) número de partidos na coalizão (0 para 6 ou mais partidos, 1 para entre 3 e 5 partidos e 2 para 2 partidos); (C4) ocorrência de eleições de meio-termo (binária) e (C5) existência de contexto socioeconômico favorável (binária).

A partir de então, submeteu seus dados à análise comparativa multivalorada (mvQCA), obtendo as seguintes configurações:

Quadro 37. Configurações lógicas obtidas

MAJ (1)	+	PARTY (1)	→	RESULT (1)
(Bachelet; Piñera; Pastrana)		(Sarney; Fernando Henrique Cardoso I; Paz Zamora; Sánchez de Lozada; Bachelet; Uribe I; Uribe II; Santos I)		

Fonte: Albala (2017).

Se uma coligação obtiver a maioria numa só câmara (MAJ(1)) ou for constituída por um número moderado de partidos (PART(1)), então sobreviverá, pois essas são condições suficientes para produzir coligações duradouras (Albala, 2017).

Por outro lado, quatro configurações lógicas distintas explicaram situações de quebra da coalizão durante o mandato presidencial (Albala, 2017):

(1) Se uma coalizão não detém qualquer maioria (MAJ(0)), ou é formada por seis ou mais partidos (PART(0)), ou detém uma maioria bicameral composta por apenas dois partidos (MAJ(2)*PART(2)), então entraria em colapso;

(2) Se uma coalizão não tiver maioria absoluta (MAJ(0)), ou é formada por seis ou mais parceiros (PART(0)), ou é composta por dois partidos que não enfrentaram uma eleição intercalar, mas sofreu um contexto desfavorável (PART(2)*INTERM(0)*CTXT(0)), então entraria em colapso;

(3) Se uma coalizão é formada por seis ou mais parceiros (PART(0)), ou é formada por dois partidos que detêm maioria bicameral (MAJ(2)*PART(2)), ou é formada por dois partidos que enfrentaram uma eleição de meio de mandato (REELECT(1)*PART(2)), então entraria em colapso;

(4) Se uma coalizão é formada por seis ou mais partidos membros da coalizão (PART(0)), ou é formada por dois partidos que disputaram eleições de meio de mandato (REELECT(1)*PART(2)), ou é composta por dois partidos que não enfrentaram eleições intercalares, mas sofreu um contexto desfavorável (PART(2)*INTERM(0)*CTXT(0)), então entraria em colapso.

A sobrevivência da coalizão legislativa, fator importante nos regimes presidencialistas, ao contrário da crença comum, estaria longe de ser uma característica incomum da política latino-americana; na verdade, a maioria das coalizões sobreviveu até o último dia dos mandatos presidenciais. Os pactos de coalizão nos regimes presidenciais latino-americanos têm mais probabilidades de sobreviver do que de se extinguir, exceto no caso das coligações brasileiras. Destarte, por meio do mvQCA, essa investigação concluiu que, contrariamente à crença comum, o controle de uma maioria bicameral não é necessário nem suficiente para garantir estabilidade às coalizões (Albala, 2017).

6.3.4 Condições para o desenvolvimento de sistemas de conflitos regionais na África Subsaariana

Como e em quais condições a guerra se espalha pelas regiões e os sistemas de conflitos regionais evoluem? Esses sistemas são definidos como espaços de insegurança geograficamente delimitados, caracterizados por conflitos armados interdependentes nos quais participa uma pluralidade de atores que concorrem e/ou interagem dentro de redes complexas e em diferentes níveis de ação. Os processos de difusão e escalada da guerra civil em potencial e os sistemas de conflitos regionais existentes na África Subsaariana entre 1989 e 2010 são analisados com a ajuda de uma Análise Qualitativa Comparativa multivalorada (mvQCA). A pesquisa de Nadine Ansorg (2014) compara 12 casos representativos do fenômeno analisado.

Na análise dos sistemas de conflitos regionais na África Subsaariana, o resultado é a propagação de uma guerra já existente (0). A presença desse resultado é codificada em 1 se uma guerra com pelo menos mil mortes relacionadas com batalhas não se limita a apenas dois atores de um território, mas difunde ou se refere a uma pluralidade de atores de uma região que estão diretamente envolvidos no combate – em três ou mais níveis de ações. Isso pode ocorrer por difusão ou escalada. Essas duas formas de regionalização e propagação não são mutuamente exclusivas e podem ocorrer até dentro do mesmo conflito. Se não houver uma crise ou escalada do conflito – e, portanto, nenhuma propagação regional da guerra – o resultado é codificado como 0 (Ansorg, 2014).

A falibilidade do Estado regional (STATEFAIL) é medida pelo estabelecimento e estabilidade do monopólio de força em uma região, ou seja, entre o país vizinho e o país em conflito. A informação sobre isso foi obtida a partir de relatórios da Organização das Nações Unidas (ONU) e de Organizações não governamentais (ONGs) como a Anistia Internacional, Human Rights Watch (HRW) e International Crisis Group (ICG), bem como de estudos de casos únicos. Esses dados sobre o poder de um Estado só podem ser obtidos em nível nacional, mas são agregados ao nível regional. Se uma região for afetada por pelo menos um Estado fraco que não consiga garantir a segurança dos seus habitantes, mas ainda existe um governo, então essa condição é codificada como 1. Se uma região for afetada por um ou mais estados falidos sem monopólio da força e qualquer governo funcional a condição é codificada como 2. Se os países envolvidos no conflito armado forem estáveis e monopolizam o uso da força na maior parte do território, a condição é codificada como 0 (Ansorg, 2014).

O estabelecimento de redes econômicas regionais (ECOFAIL) é caracterizado pelo comércio regional de bens valiosos por grupos rebeldes ou o apoio regional de atores não estatais com equipamento militar financiado por governos vizinhos. A condição tem três valores possíveis que são avaliados qualitativamente: nenhuma rede econômica regional é codificada (0); uma rede econômica regional com base em apenas um comércio ou suporte é codificada (1); e tanto o comércio regional como os regionais com o apoio de um Estado vizinho é codificado (2). Os dados foram retirados de estudos de caso únicos, bem como de relatórios internacionais da ONU ou de ONG relevantes (Ansorg, 2014).

A condição dos refugiados militarizados (REGID) também é avaliada qualitativamente. Os dados foram obtidos do Alto Comissariado das Nações Unidas para os Refugiados (Acnur), bem como do Inquérito Mundial dos Refugiados e de documentos da ONU e de organizações não governamentais dedicadas a esse grupo. Esses dados são complementados por estudos de caso únicos e pela avaliação de artigos da LexisNexis. Como, de acordo com o ACNUR, existiram e existem refugiados em todos os países africanos, o valor de "não refugiados" não é necessário e é, portanto, apenas uma condição dicotômica: se houver refugiados não militarizados, é codificado como 0; se houver refugiados militarizados que estão ativamente envolvidos na luta, é codificado como 1 (Ansorg, 2014).

De acordo com a literatura sobre sistemas de conflitos regionais, existem vários controles para a análise: pobreza regional e fraqueza econômica; grupos salientes de identidade regional; alianças e intervenções por parte do governo e envolvimento de organizações regionais ou internacionais.

A pobreza regional e a fraqueza econômica (ECONET) são medidas pelo poder econômico e pelo nível de desenvolvimento dos estados envolvidos, informações que estão disponíveis para cada Estado nos Relatórios de Desenvolvimento do Programa das Nações Unidas para o Desenvolvimento (Pnud). Os dados faltantes foram retirados dos bancos de dados do Banco Mundial, Banco Africano de Desenvolvimento ou a partir de estudos de caso. Essa informação é agregada para toda a região. Como todas as regiões da África são geralmente economicamente fracas, o autor distingue entre regiões fracas (1) e menos fracas (0). O limite é de 900 dólares *per capita* (PPP)/região, uma vez que esse acabou sendo um ponto de corte razoável para todos os casos envolvidos, de acordo com o definidor de limites do Tosmana (Ansorg, 2014).

Grupos de identidade regional importantes são grupos regionalmente dispersos que estão envolvidos em conflitos armados devido a fatores relacionados com a sua identidade (étnica, religiosa, política, social). A informação sobre esses grupos (MILREF) foi retirada do banco de dados Minorities at Risk e foi complementada por informações extraídas de estudos de caso únicos ou de relatórios da ONU ou de ONGs. A condição é codificada da seguinte forma: se houver algum grupo de identidade regionalmente disperso envolvido em conflitos armados, é atribuído o valor 1; se existem grupos de identidade regionalmente dispersos que são não diretamente envolvidos em conflitos armados, é atribuído o valor 0 (Ansorg, 2014).

A análise também controla as alianças formais dos governos e se eles ativamente envolvem-se em combates (INTGOV): se aliados intervêm num conflito armado, essa condição é codificada como 1; se não há intervenção militar em benefício de um governo da região, é codificada como 0 (Ansorg, 2014). Finalmente, presume-se que o envolvimento da comunidade internacional (ENGIC) pode ajudar a pôr fim a uma guerra armada: se alguma organização regional ou internacional como a União Africana, a ONU ou a UE intervém assim num conflito armado, é codificado como 1; se não há engajamento, é codificado como 0 (Ansorg, 2014).

A partir de então, a análise comparativa multivalorada gerou as configurações lógicas abaixo reproduzidas:

Quadro 38. Configurações lógicas obtidas

$$REGID\ (0)\ ^*\ ECONET\ (1)\ ^*\ INTGOV\ (1) + REGID\ (0)\ ^*$$
$$MILREF\ (1)\ ^*\ INTGOV\ (1)$$

Fonte: Ansorg (2014).

A análise mostrou que, nos casos comparados, quatro condições específicas levam a uma propagação regional da violência: redes econômicas sustentadas por meio do apoio de países vizinhos; uma intervenção por parte do governo; refugiados militarizados; e grupos de identidade regional não salientes (Ansorg, 2014). Nas equações, as condições são combinadas com uma disjunção lógica ou de alternância (+), significando que a equação é verdadeira, mesmo que apenas uma das expressões lógicas seja válida.

Aqui, isso significa que uma disseminação regional de violência ocorre se apenas uma das condições estiver presente, porque todas são igualmente *suficientes*. Isso mostra que o resultado pode ocorrer por vários meios potenciais. Além disso, significa que, além de suficientes, nenhuma das quatro condições é necessária: as levam, em todos os casos em que estão presentes, ao resultado da disseminação regional de violência. No entanto, esse resultado pode ser alcançado por várias condições diferentes e, portanto, de maneiras diferentes, razão pela qual essas condições não são necessárias.

6.3.5 Quais condições favorecem a autonomia de ilhas?

O estudo de Pär Olausson e Maria Ackrén (2008) explora as condições que levam as ilhas a obter autonomia, focando em fatores como distância geográfica, etnia, PIB *per capita* e tamanho da população. Para isso, os autores analisam dois grupos: ilhas autônomas, como os Açores (Portugal), as Ilhas Feroe (Dinamarca) e a Ilha de Man (Irlanda), e ilhas não autônomas de todo o mundo. A pesquisa usa duas técnicas diferentes de QCA, *multi-value* e *fuzzy-set* para revelar os diferentes caminhos causais pelos quais as ilhas alcançam sua autonomia. Aqui iremos explorar o uso de mvQCA, objeto deste capítulo.

Quais são os principais fatores que contribuem para a autonomia das ilhas, segundo o estudo? Quatro fatores são investigados pela pesquisa, dois que já eram considerados pela literatura anterior sobre o tema, e dois acrescentados nessa pesquisa como forma de fazer avançar a agenda. Eles são, respectivamente: (i) distância geográfica: ilhas que estão mais distantes têm mais chances de obter autonomia; (ii) diversidade étnica: pode influenciar a busca por autonomia, com algumas ilhas apresentando uma identidade cultural distinta que justifica a autoadministração; (iii) PIB *per capita*: valores mais elevados sugerem ilhas com mais acessos a recursos e mais capacidade para buscar e manter a autonomia; (iv) tamanho da população: quanto menores, em termos populacionais, mais fácil é a gestão local, o que favorece a busca por autonomia. Além das três ilhas citadas no parágrafo anterior, a pesquisa analisa outras ilhas, autônomas e não autônomas, como grupos de controle, como se pode ver nas imagens a seguir (Olausson; Ackrén, 2008).

O estudo foi dividido em várias seções, com a mvQCA sendo utilizada para analisar os fatores explicativos que contribuem para a autonomia das ilhas. Os fatores considerados foram tratados como variáveis de múltiplos valores, permitindo que cada uma delas assumisse mais de duas categorias. Isso possibilitou uma análise mais rica e detalhada das condições que podem levar à autonomia, em vez de se limitar a uma abordagem binária (Olausson; Ackrén, 2008).

Quadro 39. Configurações lógicas obtidas

Ethnicity {1} + Size {1,4} + Distance {2} * Ethnicity{0} + Distance{2} * GDP/Capita{1,2}	Etnia ou tamanho (pequeno ou grande) ou combinação de longa distância geográfica com baixa diversidade étnica ou combinação entre longa distância geográfica e grupos de menor renda.

Fonte: Olausson e Ackrén (2008).

A comparação entre diferentes grupos de ilhas permitiu entender melhor as condições que favorecem a autonomia e identificar diferentes caminhos causais que levam à autonomia das ilhas: (i) a etnia como única explicação; (ii) o tamanho da população, que pode ser pequeno ou grande; (iii) a combinação de longa distância geográfica com baixa diversidade étnica; (iv) a combinação de longa distância geográfica com grupos de renda média (inferior ou superior). Conforme a análise feita como mvQCA, todos os caminhos identificados são igualmente válidos, indicando que a autonomia das ilhas pode ser alcançada por diferentes combinações de fatores. Isso enfatiza a complexidade do conceito de autonomia e a necessidade de considerar múltiplas condições ao analisar esse fenômeno (Olausson; Ackrén, 2008).

IMPORTANTE LEMBRAR!

• A mvQCA traz para a análise comparativa valores que vão além da mera verificação de pertencimento (ou não) a determinado conjunto;

• A lógica multivalorada está mais próxima da lógica binária do que da lógica *fuzzy*, podendo aqui expressar *graus de pertinência ao conjunto*, expressos em camadas de pertencimento;

• Permite que algumas condições *tenham mais do que apenas dois valores* (característicos da csQCA), normalmente três, para permitir a compreensão de um agrupamento (conhecimento detalhado dos subconjuntos) mais sutil;

• É adequada para a análise de *conjuntos multinomiais (multi-value)*, nos quais os valores não apenas representam de forma binária (dicotômica) a presença (1) ou a ausência da condição (0), mas também outros valores representativos de divisões dentro de uma mesma categoria ou de uma ordem numa escala categórica.

7
Análise Qualitativa Comparativa
fuzzy-set (fsQCA)

7.1 O que é?

> Este método alternativo, conhecido como Análise Quali-
> tativa Comparativa de conjuntos *fuzzy* ou fsQCA, com-
> bina o uso de conjuntos difusos com a análise de casos
> por configurações, uma característica central da pesquisa
> social orientada a casos (Ragin, 2006b, p. 14).

E quando as condições que serão objeto de comparação entre os casos não puderem ser traduzidas meramente em termos de pertencimento (ou não) a um conjunto, tampouco a um conjunto de subcategorias?
Em muitos casos, a informação que caracteriza a condição (de natureza
quantitativa) está distribuída entre as múltiplas e infinitas camadas existentes entre a ausência (0) e o pertencimento pleno (1). A técnica comparativa *fuzzy-set* (fsQCA) permite a comparação de casos em diferentes
áreas de estudo, utilizando os conjuntos difusos para avaliar a presença e
a ausência de atributos, em diferentes graus ou níveis.

> As técnicas de QCA distinguem-se entre si, dependendo dos ti-
> pos de conjuntos para os quais a lógica booleana é empregada.
> Para conjuntos em que os casos são diferenciados apenas qua-
> litativamente (pertencimento ou não pertencimento), aplica-se
> a crisp-set QCA (csQCA) ou a técnica *multi-value* QCA (mv-
> QCA); quando, além da diferença qualitativa, há a gradação do

pertencimento dos casos nos subconjuntos qualitativos, emprega-se a *fuzzy-set* QCA (Betarelli Junior; Ferreira, 2018, p. 7).

> **A *fuzzy-set* QCA (fsQCA) utiliza os conjuntos difusos para avaliar a presença e a ausência das condições fixadas (em diferentes graus ou níveis)**

A abordagem por conjuntos *fuzzy* e, consequentemente, o desenvolvimento de novos softwares para análise de relações dentro de conjuntos *fuzzy* (fsQCA) antecederam muitos dos debates sobre as limitações associadas ao uso de conjuntos *crisp*: prepararam o cenário para a extensão da abordagem para além da investigação macrocomparativa orientada a casos (Ragin, [1987] 2014).

> Os conjuntos *fuzzy* são simultaneamente qualitativos e quantitativos, pois incorporam ambos os tipos de distinções na calibração do grau de pertencimento ao conjunto. Assim, conjuntos *fuzzy* têm muitas das virtudes de variáveis contínuas e escalares, mas ao mesmo tempo permitem avaliação qualitativa (Ragin, 2008, p. 30).

Nesse sentido, a ferramenta comparativa QCA não se restringe a características binárias ou ordinais, nem exige que os pesquisadores bifurquem variáveis quantitativas: por meio de conjuntos *fuzzy*, os pesquisadores podem trabalhar com análises muito refinadas, assim como conjuntos *fuzzy* devidamente calibrados combinam a precisão das variáveis e a medição explícita com limites qualitativos significativos baseados em conhecimento teórico e substantivo (Greckhamer *et al.*, 2018).

É possível, assim, nessas condições e por meio dos conjuntos difusos, usar a lógica dos conjuntos na comparação entre casos e permitir gradações finas em grau de associação (por exemplo, o grau de associação entre os países democráticos), em que a análise resultante não é correlacional, mas possui o rigor analítico que advém dos métodos que trabalham com conjuntos e das respectivas operações lógicas (Ragin, 2008).

7.2 Quando usar?

> Os conjuntos *fuzzy* são especialmente poderosos porque permitem que os pesquisadores calibrem a associação parcial em conjuntos usando valores no intervalo entre 0,0 (não associação) e 1,0 (associação total) sem abandonar os princípios e operações centrais dos conjuntos (Ragin, 2008, p. 29).

O fsQCA permite a codificação de dados com base em graus de associação, ou seja, que se traduziria em um conjunto *fuzzy*, podendo assumir quaisquer valores entre 0 e 1, ao contrário de conjuntos *crisp* que são binários por natureza (Mello, 2023). Assim, quando, além da diferença qualitativa (verificação do pertencimento), há a gradação do pertencimento dos casos aos conjuntos, emprega-se a ferramenta *fuzzy-set* QCA (Betarelli Junior; Ferreira, 2018).

Quadro 40. Conjunto difuso

Evento	Resultado	Condição 1	Condição 2	Condição 3
Evento 1	1	0.345	1.000	0.036
Evento 2	0	0.867	0.000	0.122
Evento 3	0	0.008	0.123	0.633
Evento 4	1	0.861	1.000	1.000
Evento 5	1	0.644	0.833	0.845

Fonte: elaboração dos autores para efeitos didáticos.

Nos conjuntos difusos (*fuzzy*), os valores variam entre a total exclusão do conjunto (valor 0) e o total pertencimento ao conjunto (valor 1), abrangendo todas as camadas correspondentes ao espaço do conteúdo compreendido entre esses dois parâmetros. Ao adotar a fsQCA, os pesquisadores conseguem identificar combinações de condições, a partir de múltiplos níveis informacionais (além da verificação do pertencimento a um conjunto) que resultam em determinados desfechos mais detalhados, sem a necessidade de assumir relações lineares entre as variáveis por meio de experimentos quantitativos (Betarelli Junior; Ferreira, 2018). Tal ideia pode ser sintetizada da seguinte maneira:

Quadro 41. Graus de pertencimento ao conjunto difuso

Valor	Correspondência no conjunto difuso
1	Total pertencimento ao conjunto
0,501 n 0,999	Alto pertencimento ao conjunto
0,500	Pertencimento médio ao conjunto
0,001 n 0,499	Baixo pertencimento ao conjunto
0	Total exclusão do conjunto

Fonte: elaborado pelos autores para efeitos didáticos.

Assim, os valores correspondentes às informações quantitativas (contínuas ou escalares) a serem submetidos à fsQCA: (a) ou já são por natureza pertencentes ao referido intervalo entre 0 e 1, a exemplo de índices e indicadores; (b) ou devem ser artificialmente convertidos e padronizados para o referido intervalo, a partir da definição de qual seria o valor máximo, equivalente ao total pertencimento ao conjunto (1)[19]. Qualquer valor eventualmente superior ao valor máximo ou inferior ao valor mínimo será automática e artificialmente convertido para o valor 1 ou 0 respectivamente[20].

7.3 Exemplos na literatura

7.3.1 Comparando modelos regulatórios de energia entre países do bloco europeu

Por que os países europeus desenvolveram respostas tão diferentes ao problema da extração do gás de xisto e o *fracking*[21]? Enquanto alguns paí-

---

19. Por exemplo, definido o valor máximo como sendo 250, os valores quantitativos 230, 176, 98 e 260 seriam respectivamente convertidos para (0,920), (0,704), (0,392) e (1), mediante simples "regra de três".

20. Na fsQCA será obrigatoriamente realizada a atividade denominada *calibragem*, em que o pesquisador deverá informar expressamente ao aplicativo quais valores correspondem ao pertencimento total (1), ao pertencimento médio (0,5) e à ausência de pertencimento (0), (Schneider; Wagemann, 2010).

21. *Fracking* é a abreviação de "*fracturing*" ou fraturamento hidráulico, técnica utilizada na indústria de extração de gás e petróleo. Consiste na injeção de água, areia e produtos químicos

ses proibiram a extração do gás de xisto em absoluto, outros ofereceram incentivos à indústria, com generosas benesses fiscais. Para entender por que a resposta ao problema do *fracking* foi tão diversa no continente europeu, Van de Graaf, Haesebrouck e Debaere (2018) empreenderam uma Análise Qualitativa Comparativa sobre a regulação da extração do gás de xisto em 16 países-membros da União Europeia, buscando examinar as configurações de condições que permitiram as variadas respostas a esse problema.

Os autores analisaram seis fatores cujas combinações produzem diferentes possibilidades de respostas dos países. Os seis fatores são: (a) segurança energética: redução da dependência de fontes de energia importadas exerce influência sobre as decisões dos países sobre a exploração do gás de xisto; (b) competitividade econômica: o gás de xisto é uma oportunidade para melhorar a competitividade econômica dos países por promover a criação de empregos, investimentos e diversificação energética; (c) composição partidária do governo: a ideologia política e a composição partidária do governo podem impactar as atitudes em relação ao gás de xisto, levando a abordagens regulatórias diferentes; (d) opinião pública: as atitudes públicas em relação ao *fracking*, influenciadas por fatores sociodemográficos, atitudes ambientais e ideologia política, desempenham um papel significativo na formação de políticas regulatórias; (e) governança multinível: a distribuição de poderes regulatórios entre diferentes níveis de governo, como autoridades nacionais, regionais e locais, pode resultar em abordagens variadas para a regulação do gás de xisto; (f) tradição democrática: países com diferentes tradições democráticas podem priorizar diferentes aspectos de governança, levando a respostas diversas sobre a exploração do gás de xisto e o *fracking*.

Os casos sujeitos à comparação deveriam preencher dois critérios de inclusão e dois critérios de exclusão. Os critérios de inclusão são:

---

por meio da alta pressão em poços de petróleo ou gás para criar fraturas nas rochas subterrâneas, permitindo a liberação do gás ou petróleo retido. Essa técnica é controversa devido a preocupações ambientais, como possíveis impactos na qualidade da água, riscos sísmicos e emissões de gases de efeito estufa.

(a) deveriam ser países-membros da União Europeia, o que garante certa homogeneidade em aspectos históricos e culturais das suas populações; (b) deveriam possuir depósitos de gás de xisto passíveis de extração. Os critérios de exclusão foram: (a) países que relataram não ter depósitos de gás de xisto recuperáveis ou não; (b) os países deveriam ter dados disponíveis sobre todas as condições relatadas no parágrafo anterior. Esses critérios de inclusão e exclusão garantiram aos autores uma população final de 16 países da União Europeia para serem comparados às condições referidas anteriormente (Van de Graaf; Haesebrouck; Debaere, 2018).

O resultado de interesse a ser analisado diz respeito ao que os autores nomearam "atitude regulatória", uma escala que admite quatro posições referentes à legislação doméstica sobre o gás de xisto nos países analisados. As posições possíveis variam de mais permissiva a mais restritiva, numa linha que vai de "apoio", "tolerância", "precaução" a "oposição".

Por meio da fsQCA, a comparação revela que houve uma ampla variação na regulação do gás de xisto nos 16 países analisados. Embora todos tenham adotado uma postura inicialmente tolerante em 2010, ao longo do tempo divergiram bastante. É o caso, por exemplo, do Reino Unido, que foi de tolerância até precaução, para depois adotar a postura de apoio; foi também o caso da Romênia, que foi de tolerância até precaução e retornou ao ponto de origem. É notável que essas mudanças tenham acontecido em um curto espaço de tempo, entre 2010 e 2013, e tenham permanecido estáveis desde então. Dos 16 países analisados, 8 permaneceram mais permissivos, enquanto 8 permaneceram mais restritivos em relação à exploração do gás de xisto (Van de Graaf; Haesebrouck; Debaere, 2018).

A análise revela conjuntos de condições em interação que produzem resultados diferentes. A regulação mais permissiva, por exemplo, ocorre na ausência de preocupação pública, combinada com baixo desenvolvimento econômico ou com ausência de governança multinível e governos pró-meio ambiente. No sentido contrário, a regulação mais restritiva ocorre quando há a presença de governos pró-meio ambiente, alto desenvolvimento econômico e governança multinível, e preocupações públicas com a exploração do gás de xisto. A figura a seguir apresenta as soluções derivadas da aplicação do modelo de QCA de conjuntos difusos empregado pelos autores:

Quadro 42. Configurações lógicas obtidas

Permisse regulation [Regulamentação permissiva]	~PC * ~ED + ~PC * ~GG * ~MG	Ausência de interesse público combinada com ausência de desenvolvimento econômico ou ausência de interesse público combinada com ausência de governos "verdes" e ausência de governos multiníveis.
Restrictive regulation [Regulamentação restritiva]	GG + PC + MG * ED	Presença de governos "verdes" ou presença de interesse público ou a combinação entre a presença de governos multiníveis e de desenvolvimento econômico.

Fonte: Van de Graaf, Haesebrouck e Debaere (2018, p. 12).

A conclusão mais reveladora da comparação foi que, das condições analisadas, a opinião pública foi o fator decisivo na maioria dos casos. Nos países em que a população parecia mais preocupada com as consequências da prática do *fracking*, a legislação doméstica adotada foi proporcionalmente restritiva, o que também é condizente com posições ambientalistas do governo da ocasião. O inverso também é verdadeiro: onde não havia preocupações públicas relevantes, nem franca defesa do meio ambiente pelo governo, a legislação adotada foi mais permissiva. No trabalho apresentado, Van de Graaf, Haesebrouck e Debaere (2018) conseguiram capturar essa causalidade complexa para demonstrar a interação entre diferentes fatores e como eles afetaram a política regulatória do gás de xisto nos países examinados.

7.3.2 O que leva as organizações regionais da América Latina a estarem ativas ou paralisadas?

O artigo de Mariana Lyra e Mikelli Ribeiro (2022) busca identificar as condições que levam as organizações internacionais (OI) latino-americanas a permanecerem ativas ou paralisarem (*resultado de interesse*), examinando vários elementos identificados pela respectiva literatura que supostamente explicam a atividade/paralisia dessas instituições internacionais.

O estudo das OI é vasto na análise de desenhos institucionais, mas ainda está começando a compreender os fatores que as levam à sobrevivência ou ao declínio. Tal trabalho de investigação sobre os fatores (*condições*) que levam à sobrevivência/declínio produziu resultados diferentes. De acordo com a literatura geral sobre OI, os seguintes elementos são importantes para o funcionamento/não funcionamento das OI: (1) âmbito (finalidade); (2) número de estados-membros; (3) dimensão do pessoal do secretariado; (4) qualidade do pessoal; e (5) autonomia política das OI. Especificamente, a autonomia política e a falta de estados foram destacadas como causas de fracasso na literatura sobre a América Latina (Lyra; Ribeiro, 2022).

A pesquisa aplicou a técnica fsQCA em 31 casos de organizações internacionais latino-americanas. Depois de testar as condições, três caminhos provaram ser suficientes para que as OI latino-americanas permanecessem ativas: (1) grande corpo burocrático (STAFF) e burocracia de alta qualidade (~CHARDPAY); (2) âmbito restrito (~CSCOPE) e alta qualidade de burocracia (~CHARDPAY); e (3) grande órgão burocrático (STAFF), âmbito alargado (CSCOPE) e um elevado número de estados-membros (NSTATES). Nessa configuração, o nível de Estado e de autonomia política não parece estar relacionado com o funcionamento das OI latino-americanas (Lyra; Ribeiro, 2022).

Os resultados mostram que um órgão burocrático adequado é suficiente para que uma OI latino-americana permaneça ativa. Depois de encontrar os caminhos necessários e suficientes que explicam o resultado "Ativo", o artigo utiliza as mesmas condições para testar a negação do resultado: "Paralisia". Os estudos de Relação Internacional, de modo geral, tendem a afirmar que a paralisia das OI resulta da falta das mesmas condições que explicam a atividade.

Quadro 43. Configurações lógicas obtidas

Paralisia das OIs	~STHOOD * ~STAFF * ~CPOLAUT * CONT	Combinação entre baixo nível de Estado, pessoal pequeno, baixa autonomia política e OI contestadas pelos estados-membros.

Fonte: Lyra e Ribeiro (2022).

A configuração acima resultou de um único conjunto de condições associadas à paralisia das OI na América Latina: baixo nível de Estado (~STHOOD), pessoal pequeno (~STAFF), baixa autonomia política (~CPOLAUT) e OI contestadas pelos estados-membros (CONT). Ela explica quatro casos de paralisia: Banco do Sul, União de Nações Sul-Americanas (Unasul), Aliança Bolivariana para os Povos da América (Alba) e Comunidade dos Estados Latino-Americanos e Caribenhos (Celac), quatro organizações com raízes alicerçadas, pelo menos até certo ponto, em afinidades ideológicas (Lyra; Ribeiro, 2022).

Utilizando o fsQCA, os resultados apresentados na análise mostraram que a literatura geral sobre o funcionamento das OI é robusta na identificação dos elementos que levam as organizações latino-americanas a permanecerem ativas. O tamanho do pessoal, a qualidade da burocracia e o escopo reduzido são condições essenciais para o funcionamento de uma OI latino-americana. Além disso, a combinação de grandes equipes, amplos âmbitos organizacionais e um grande número de estados-membros produzem uma organização ativa. Pôde-se perceber que a principal explicação para o funcionamento das OI latino-americanas estava relacionada ao chamado "efeito pessoal de alta qualidade" (Lyra; Ribeiro, 2022).

7.3.3 Quais condições determinam a cooperação brasileira na África?

O trabalho de David Beltrão Albuquerque e Eduardo Oliveira (2019) investiga quais aspectos estruturais favorecem a participação brasileira na África em acordos de cooperação nos anos de 2003 a 2010. As quatro condições selecionadas a partir de trabalhos recentes foram: (i) língua oficial portuguesa no país africano; (ii) grau de estabilidade política; (iii) PIB *per capita*; (iv) déficit alimentar. A principal conclusão dos autores é que ter a língua portuguesa como idioma oficial do país africano foi condição suficiente, no período analisado, para o Brasil se engajar em acordos de cooperação, enquanto as demais condições consideradas no estudo foram identificadas como necessárias. Vejamos como chegaram a esse resultado.

Os autores começaram pela identificação das condições a partir de uma revisão teórica e empírica de trabalhos recentes e estabeleceram uma variável dependente como uma gradação entre potenciais parceiros e não parceiros, permitindo a análise de projetos existentes e as condições que os cercam. O uso da técnica do fsQCA permitiu a construção de uma tabela-verdade, que ajudou a identificar quais combinações das condições observadas levaram a resultados específicos em termos de cooperação (Albuquerque; Oliveira, 2019).

A técnica ainda possibilitou a análise de equifinalidade, em que diferentes combinações de condições poderiam resultar no mesmo desfecho, permitindo uma compreensão mais rica e complexa das dinâmicas envolvidas. Ela ainda foi utilizada para explorar a causalidade conjuntural e assimétrica, ajudando a entender como diferentes condições interagem e influenciam a decisão de cooperação do Brasil com países africanos (Albuquerque; Oliveira, 2019).

Quadro 44. Configurações lógicas obtidas

Cooperação brasileira com a África	LÍNGUA PORTUGUESA * pib	Combinação entre países de língua portuguesa e países com baixo PIB.

Fonte: Albuquerque e Oliveira (2019).

Os resultados da análise por fsQCA indicaram que a língua portuguesa era uma condição suficiente para a cooperação, enquanto as outras condições eram necessárias, mas não suficientes por si sós. Essa interpretação ajuda a entender as dinâmicas específicas que moldam a cooperação brasileira na África, proporcionando uma abordagem robusta para analisar a complexidade das relações de cooperação, permitindo uma compreensão mais profunda das condições que influenciam o pacto Sul-Sul (Albuquerque; Oliveira, 2019).

7.3.4 Quais estratégias os think tanks europeus utilizaram após a crise de 2008 para se manterem relevantes?

O trabalho de Vanessa Roger-Monzó e Fernando Castelló-Sirvent (2023) analisa as estratégias elaboradas após a Grande Crise Financeira (GFC) por *think tanks* europeus especializados em política econômica e avalia as principais questões que serviram para impulsionar sua capacidade de influência internacional entre 2009 e 2018. São estudados 19 *think tanks* europeus na categoria de política econômica destacados pelo Global Go To Think Tank Index Report de 2018. Após o exame de quase 100 mil notícias publicadas sobre essas instituições durante a década posterior à crise, os autores propuseram um modelo para entender quais foram as estratégias de especialização temática dos *think tanks* na mídia. O modelo foi testado usando fsQCA e seus resultados confirmam que as principais áreas de especialização dos *think tanks* de política econômica incluem questões emergentes relacionadas à Agenda 2030 e aos Objetivos de Desenvolvimento Sustentável (ODS). A estabilidade da zona do euro aparece como uma questão transversal que se integra ao discurso político interno (Roger-Monzó; Castelló-Sirvent, 2023).

Think tanks exercem várias funções em cenários políticos, entre os quais se destacam: (i) geração e disseminação de ideias; (ii) influência nas decisões políticas; (iii) construção de agendas políticas; (iv) *marketing* do conhecimento; (v) credibilidade intelectual. Essas funções destacam a importância dos *think tanks* como atores significativos no ecossistema político, ajudando a moldar políticas e a opinião pública. Elas também ajudam a entender, em linhas gerais, os meios pelos quais essas instituições buscam influenciar a opinião pública e a formulação de políticas: (a) produzindo conhecimento; (b) desenvolvendo estratégias eficazes de comunicação; (c) criando narrativas em torno de questões políticas; (d) intermediando o diálogo entre diferentes atores; (e) participando de conferências, fóruns e debates públicos; (f) exercendo *advocacy* [defesa de interesses] e *lobby* sobre políticas específicas de seu interesse.

O artigo de Roger-Monzó e Castelló-Sirvent (2023) utiliza a Análise Qualitativa Comparativa de conjuntos difusos (fsQCA) para investigar as estratégias de especialização temática dos *think tanks* europeus, especialmente no contexto pós-crise financeira de 2008. O estudo se baseia nos princípios de equifinalidade e assimetria causal, que reconhecem que diferentes combinações de condições podem levar ao mesmo resultado. Isso é importante para entender como diferentes *think tanks* podem alcançar influências semelhantes em políticas públicas, apesar de suas variações em estratégias e contextos. Os dados foram extraídos principalmente da base de dados do Global Go To Think Tank Index Report, que fornece informações sobre a presença e a influência dos *think tanks*, permitindo uma análise comparativa entre eles (Roger-Monzó; Castelló-Sirvent, 2023).

Esse estudo define claramente as condições que serão analisadas e o resultado a ser explicado. O resultado, no caso, é a "especialização temática" dos *think tanks*, medida pela porcentagem de concentração temática em mídias internacionais. As condições incluem: VRMR: Taxa média de variação interanual da representação midiática; TREND: Tendência de longo prazo na representação midiática; GDP: Produto Interno Bruto médio anual; GDPpc: PIB *per capita*; COMP: Condições econômicas e NX: Exportações líquidas.

Quadro 45. Configurações lógicas obtidas

Estratégia	COMPETITIVENESS	Competitividade como única estratégia a cobrir todos os casos.

Fonte: Roger-Monzó y Castelló-Sirvent, 2023.

Esses métodos permitem uma compreensão aprofundada das dinâmicas e estratégias dos *think tanks* na formulação de políticas públicas, contribuindo para o debate acadêmico e prático sobre seu papel na governança. Os resultados da análise são interpretados para entender como diferentes combinações de condições influenciam a especialização temática dessas instituições em questão. O estudo destaca a alta heterogeneidade nas estratégias adotadas pelos *think tanks* europeus e como essas estratégias se adaptaram após a crise financeira. A concentração temática variou significativamente, com porcentagens de concentração entre 32,58% e 57,59%. Isso sugere que não há uma abordagem única que todos os *think tanks* adotam, mas sim uma diversidade de estratégias que refletem diferentes contextos e prioridades (Roger-Monzó; Castelló-Sirvent, 2023).

A pesquisa também destaca o interesse em temas relacionados aos Objetivos de Desenvolvimento Sustentável (ODS) como um dos principais focos de alguns *think tanks* europeus, ainda que não tenham sido enfatizados em suas cinco principais temáticas. Apenas um destacou seu interesse em mudanças climáticas, o que indica que, embora haja uma crescente atenção a esses temas, não é uma prioridade para a maioria dos *think tanks* analisados (Roger-Monzó; Castelló-Sirvent, 2023).

O uso da fsQCA permitiu aos autores discutir as implicações práticas das descobertas, sugerindo que as configurações identificadas podem servir como um guia para *think tanks* que buscam aumentar sua influência na agenda pública. Esses resultados destacam a complexidade das dinâmicas que moldam as estratégias dos *think tanks* e oferecem *insights* valiosos sobre como eles podem se posicionar em um ambiente político e econômico em constante mudança.

7.3.5 Quais condições estruturais explicam melhor desempenho em saúde?

O artigo de Toktam Paykani, Hassan Rafiey e Homeira Sajjadi (2018) utiliza a Análise Qualitativa Comparativa de conjuntos difusos (fsQCA) para investigar as configurações de condições estruturais que influenciam a expectativa de vida ao nascer em 131 países. O objetivo principal é explorar como diferentes combinações de fatores socioeconômicos e políticos afetam a saúde e a equidade em saúde, alinhando-se às recomendações da Comissão sobre Determinantes Sociais da Saúde (CSDH) da Organização Mundial da Saúde (OMS). Os autores buscam entender a complexidade das relações entre diferentes variáveis, em vez de analisar cada variável isoladamente. O estudo conclui que a expectativa de vida é influenciada por combinações específicas dessas condições, destacando a importância de uma abordagem intersetorial para políticas de saúde.

As cinco condições estruturais em nível macro examinadas no estudo são: (i) nível de riqueza do país; (ii) desigualdade de renda; (iii) qualidade da governança; (iv) educação; (v) sistema de saúde. Em vez de avaliar o efeito líquido de cada variável/condição sobre os resultados, a fsQCA permite a avaliação de casos como configurações de condições. Isso significa que o estudo pode identificar combinações específicas de fatores que estão associadas a resultados de saúde, como a expectativa de vida, em diferentes contextos. Abaixo seguem os principais resultados encontrados (Paykani; Rafiey; Sajjadi, 2018).

A análise indicou que combinações de alta qualidade de governança, educação, um sistema de saúde robusto e altos níveis de riqueza são consistentemente suficientes para produzir uma alta expectativa de vida. Essas condições formam um conjunto que, quando presente, está associado a resultados positivos em termos de saúde. O estudo identificou que, em países com alta expectativa de vida, essas condições se manifestam em configurações específicas, sugerindo que não há uma única variável que explique o resultado, mas sim uma interação complexa entre múltiplos fatores (Paykani; Rafiey; Sajjadi, 2018).

Quadro 46. Configurações lógicas obtidas

High life expectancy [Elevada expectativa de vida]	EDUCATION * GOVERNANCE * HEALTH SYSTEM * WEALTH	Combinação entre a presença de educação, governança, sistema público de saúde e riqueza.

Fonte: Paykani, Rafiey e Sajjadi (2018, p. 7).

As soluções intermediárias resultantes da análise mostraram que essas combinações de condições têm alta relevância empírica para a explicação da expectativa de vida, reforçando a ideia de que a saúde é influenciada por um conjunto de fatores inter-relacionados. Esses achados apoiam a argumentação da CSDH de que as políticas e ações em saúde devem ser intersetoriais e considerar a complexidade das interações entre diferentes condições socioeconômicas (Paykani; Rafiey; Sajjadi, 2018).

7.3.6 Quando presidentes delegam poderes para ministros de relações exteriores?

O artigo de Octavio Amorim Neto e Andrés Malamud (2020) investiga as condições sob as quais os presidentes da Argentina, do Brasil e do México optaram por delegar a autoridade de formulação de política externa a seus ministérios das relações exteriores. Os autores argumentam que essa delegação é influenciada por uma combinação de fatores internacionais, nacionais e pessoais, que determinam tanto a motivação quanto a oportunidade para tal ação. A pesquisa se baseia em uma Análise Qualitativa Comparativa usando a metodologia de análise *fuzzy-set*, identificando quatro combinações de condições que favorecem a delegação e três que levam à não delegação.

Os fatores considerados estão distribuídos em três dimensões: internacional (estabilidade sistêmica), nacional (consenso entre as elites sobre a política externa; regime democrático; ideologia presidencial; profissionalização do corpo diplomático) e pessoal (personalidade do presidente). Esses fatores interagem de maneiras complexas, influenciando a decisão dos presidentes de delegar ou não a autoridade de formulação de políticas externas aos seus ministérios.

O estudo de Amorim Neto e Malamud (2020) diferencia os casos da Argentina, Brasil e México ao analisar como as combinações de fatores que influenciam a delegação presidencial aos ministérios das relações exteriores se manifestam de maneira distinta em cada um desses países ao longo do período de 1946 a 2015. Embora todos os três países compartilhem algumas condições sistêmicas, como a estabilidade internacional, as motivações e oportunidades para a delegação variam significativamente devido a contextos políticos, históricos e institucionais específicos:

1. Contexto político e histórico: cada país possui uma trajetória política única que molda a relação entre o presidente e o ministério das relações exteriores. Por exemplo, a história de regimes autoritários e democráticos, bem como a evolução das instituições políticas, impacta a disposição dos presidentes em delegar autoridade;

2. Consenso entre as elites: o nível de consenso entre as elites políticas sobre a política externa difere entre os países. Em alguns momentos, a Argentina pode ter experimentado um maior consenso em torno de certas políticas externas, enquanto o Brasil e o México podem ter enfrentado divisões mais acentuadas;

3. Ideologia presidencial: a ideologia dos presidentes também desempenha um papel crucial. Presidentes de direita podem ter mais inclinação a delegar a responsabilidade para diplomatas profissionais, enquanto presidentes de esquerda podem preferir uma abordagem mais ativa e direta na formulação da política externa;

4. Profissionalização diplomática: O grau de profissionalização dos ministérios das relações exteriores varia entre os países, afetando a capacidade dos diplomatas de influenciar a política externa e a disposição dos presidentes em confiar neles;

5. *Expertise* e envolvimento presidencial: a experiência e o conhecimento dos presidentes em assuntos internacionais também diferem, o que pode levar a diferentes níveis de delegação. Presidentes mais experientes podem se sentir mais confortáveis em delegar, enquanto aqueles com menos conhecimento podem optar por intervir diretamente (Amorim Neto; Malamud, 2020).

Essas diferenças são analisadas por meio de uma abordagem comparativa (fsQCA), permitindo que se identificasse padrões e variações na delegação presidencial em cada um dos três países, contribuindo para uma compreensão mais profunda das dinâmicas de política externa na América Latina.

Quadro 47. Configurações lógicas obtidas

Delegação	S * C + S * R * ~P + S * R * ~E + ~A * C * R	Estabilidade combinada com consenso ou estabilidade combinada com partidos de direita e ausência de profissionalização ou estabilidade combinada com partidos de direita e ausência de *expertise* ou ausência de autoritarismo combinada com consenso e partidos de direita.
Não delegação	~S * ~R * P + ~S * A * ~C * P + ~A * ~C * E * P	Ausência de estabilidade combinada com ausência de partidos de direita e profissionalização ou ausência de estabilidade combinada com autoritarismo, profissionalismo e ausência de consenso ou ausência de autoritarismo e de consenso combinada com a presença de expertise e de profissionalismo.

Fonte: Amorim Neto e Malamud (2020).

Conforme relatado pela análise (Amorim Neto; Malamud, 2020), uma configuração (estabilidade internacional e consenso da elite) explica 19 casos em 26, a maioria deles agrupados no período de 1950-1990 ("a era de ouro da diplomacia profissional"); embora outra configuração (não autoritarismo e não consenso, além de especialização e profissionalização madura) também explique outros 7 casos em 12, todos agrupados após 1994 ("a ascensão da diplomacia presidencial").

Por fim, o estudo desafia a visão tradicional de que a formulação de política externa é fundamentalmente diferente das políticas internas, mostrando que as dinâmicas de poder e as condições contextuais desempenham um papel crucial na decisão dos presidentes de intervir diretamente ou delegar essa responsabilidade a seus ministros. Assim, o artigo contribui para a compreensão das complexidades da política externa na América Latina, especialmente no que diz respeito ao papel dos presidentes e das instituições diplomáticas (Amorim Neto; Malamud, 2020).

7.3.7 O controle do Legislativo sobre Política Externa Regional

Quais fatores influenciam o grau de envolvimento dos parlamentos na Política Externa Regional (RFP)? Considerando a relevância dos contextos regionais, especialmente a partir dos anos de 1980, quando os conceitos de globalização e regionalismo se tornaram predominantes, os países começaram a analisar não só as necessidades internas, relacionadas a aspectos sociais e democráticos, mas também, de maneira crescente, as demandas externas para aumentar a eficiência econômica (Medeiros *et al.*, 2024).

Esse texto de Marcelo de Almeida Medeiros *et al.* (2024) examina se as políticas externas dos países que integram o Mercado Comum do Sul (Mercosul) e a União Europeia (UE) estão submetidas à supervisão de seus poderes legislativos. Os autores argumentam que a interação dessas instituições no contexto internacional confere legitimidade aos acordos estabelecidos e reforça os mecanismos democráticos de controle mútuo. O estudo buscou identificar quais arranjos institucionais, circunstâncias políticas e elementos econômicos contribuem para uma maior inclusão dos legisladores nas decisões relacionadas à RFP (Medeiros *et al.*, 2024).

A questão que os autores buscam responder é se a participação do Legislativo nas decisões de RFP é afetada por contextos domésticos. Os autores argumentam que o tema da participação legislativa em assuntos internacionais é controverso na literatura, com pesquisas sugerindo que os parlamentos nacionais desempenham um papel significativo na tomada de decisões de política externa em um nível sistêmico, enquanto outras pesquisas indicam que os parlamentos nacionais não exercem qualquer influência sobre a política externa. Os pesquisadores pediram a especialistas que apontassem casos ocorridos no Mercosul e na UE que pudessem ser usados para criar uma amostra intencional para uma análise empírica com um número intermediário de casos, pretendendo reduzir possíveis vieses na seleção (Medeiros *et al.*, 2024).

Para tanto, foram analisados comparativamente dois blocos de condições causais. Inicialmente, as condições políticas: (1) Sistema de governo *(presid)*; (2) Parlamento Uni ou Bicameral *(bicam)*; (3) Existência de debates prévios *(prior_deb)*; (4) Número efetivo de partidos *(frag)*. Em seguida, o bloco das condições econômicas, composto por: (5) Crescimento do PIB *(growth)*; (6) Abertura comercial *(trade_open)*; e (7) Concentração de mercado *(Mark_conc)*.

Em seguida, foi feita uma análise comparativa *fuzzy-set* *(fsQCA)* por meio da qual, depois de várias análises, foi obtida uma solução composta por uma única configuração lógica, que ilustra a complexidade do fenômeno estudado:

Quadro 48. Configuração lógica obtida

~pres * bicam * prior_deb * ~mark_conc	Países parlamentaristas combinados com bicameralismo, debates prévios e ausência de concentração de mercado.

Fonte: Medeiros *et al.* (2024).

A partir das configurações lógicas obtidas foi possível identificar que (a) a RFP é um fenômeno inerente a países não presidencialistas; (b) as condições econômicas são relevantes para o entendimento do fenômeno; e (c) bicameralismo e a existência de debates prévios aparecem como condições relevantes para explicar a RFP. Essa configuração permite aos autores algumas conclusões interessantes.

Em primeiro lugar, se o fenômeno da participação legislativa em política externa é uma questão tipicamente de países não presidencialistas, o modelo desenvolvido pelos autores ajuda a responder à pergunta de pesquisa na larga maioria dos países europeus, mas não nos da América Latina, majoritariamente presidencialistas (Medeiros *et al.*, 2024).

A segunda conclusão relevante é que condições econômicas importam, especialmente no que diz respeito à liberalização dos mercados, ao contrário da ênfase no desenho institucional político que parte significativa da literatura mobiliza. Por fim, a terceira conclusão é que a participação dos parlamentos nacionais tende a acontecer quando há debate prévio sobre determinada questão no ambiente doméstico e o parlamento é bicameral, um formato institucional que favorece a discussão sobre temas de relevo (Medeiros *et al.*, 2024).

IMPORTANTE LEMBRAR!

• A *fuzzy-set* QCA utiliza os *conjuntos difusos* (*fuzzy*) para avaliar a presença e/ou a ausência das condições fixadas (em diferentes graus ou níveis);

• É possível, por meio dos conjuntos difusos, usar a lógica dos conjuntos na comparação entre casos e *permitir gradações finas em grau de associação* (por exemplo, o grau de associação entre os países democráticos): a análise resultante *não é correlacional*, mas possui o rigor analítico dos métodos que trabalham com conjuntos e das respectivas operações lógicas;

• Nos conjuntos difusos (*fuzzy*), os valores variam entre a total exclusão do conjunto (valor 0) e o total pertencimento ao conjunto (valor 1), abrangendo *todas as infinitas camadas correspondentes* ao espaço do conteúdo compreendido entre esses dois parâmetros;

• Na fsQCA será obrigatoriamente realizada a atividade denominada *calibragem*, em que o pesquisador deverá informar expressamente ao aplicativo quais valores correspondem ao pertencimento total (1), ao pertencimento médio (0,5) e à ausência de pertencimento (0);

• Aplicáveis à fsQCA as medidas de consistência e de cobertura.

Referências

ALBALA, Adrián. Coalition presidentialism in bicameral congresses: How does the control of a bicameral majority affect coalition survival? *Brazilian Political Science Review*, [s. l.], v. 11, n. 2, p. 1-27, 2017.

ALBUQUERQUE, David Beltrão Simons Tavares de; OLIVEIRA, Eduardo Matos. Condições à cooperação brasileira na África (2003-2010). *Carta Internacional*, Belo Horizonte, v. 14, n. 3, p. 61-83, 2019.

AMORIM NETO, Octavio; MALAMUD, Andrés. Presidential delegation to foreign ministries: A study of Argentina, Brazil, and Mexico (1946-2015). *Journal of Politics in Latin America*, [s. l.], v. 12, n. 2, p. 123-154, 2020.

ANSORG, Nadine. Wars without borders: conditions for the development of regional conflict systems in sub-Saharan Africa. *International Area Studies Review*, [s. l.], v. 17, n. 3, p. 295-312, 2014.

BARBOSA, Sheila Cristina Tolentino. Análise comparativa aplicada à pesquisa sobre implementação de políticas públicas: método multi-value qualitative comparative analysis (MVQCA). *Revista Alcance*, Itajaí, v. 29, n. 1, p. 35-52, 2022.

BARROS, Ana Tereza Duarte Lima de. *A armadilha da democracia direta*: uma análise qualitativa dos poderes legislativos do presidente na América do Sul. Dissertação (Mestrado) – Universidade Federal de Pernambuco, Recife, 2017.

BERG-SCHLOSSER, Dirk; DE MEUR, Gisèle. Comparative research design: Case and variable selection. *In*: RIHOUX, Benoît; RAGIN, Charles (eds.). *Configurational comparative methods*. Qualitative Comparative Analysis (QCA) and Related Techniques. Thousand Oaks: Sage, 2009.

BETARELLI JUNIOR, Admir Antonio; FERREIRA, Sandro de Freitas. *Introdução à Análise Qualitativa Comparativa e aos conjuntos Fuzzy (fsQCA)*. Brasília, DF: Enap, 2018.

BRADY, Henry E.; COLLIER, David (eds.). *Rethinking social inquiry*: diverse tools, shared standards. 2. ed. Lanham: Rowman & Littlefield, 2010.

BREITMEIER, Helmut; UNDERDAL, Arild; YOUNG, Oran R. The effectiveness of international environmental regimes: Comparing and contrasting findings from quantitative research. *International Studies Review*, [s. l.], v. 13, n. 4, p. 579-605, 2011.

CAMPOS, Cinthia Regina. Vantagens e desafios do QCA para as Relações Internacionais. *Conexão Política*, Teresina, v. 6, n. 1, p. 55-70, 2017.

CHIROT, Daniel; RAGIN, Charles C. The market, tradition and peasant rebellion: the case of Romania in 1907. *American Sociological Review*, [s. l.], v. 40, n. 4, p. 428-444, 1975.

COLLIER, David. Comment: QCA should set aside the algorithms. *Sociological Methodology*, [s. l.], v. 44, n. 1, p. 122-126, 2014.

CORCACI, Andreas; DETERS, Henning. Shaping EU policy in regional parliaments: a configurational analysis of the posted workers directive in Germany. *Regional and Federal Studies*, [s. l.], p. 1-28, 2024.

CORRÊA, Diego Sanches. Resiliência eleitoral dos presidentes latino-americanos após a crise de 2008 e o refluxo da onda rosa. *Revista de Sociologia e Política*, Curitiba, v. 28, n. 73, 2020.

CORTEZ SALINAS, Josafat. *La Suprema Corte de Justicia en México* ¿Cuándo vota contra el presidente? Cidade do México: Universidad Nacional Autónoma de México, 2014a.

CORTEZ SALINAS, Josafat. Análisis Cualitativo Comparado: las decisiones de la Suprema Corte contra el Ejecutivo en México. *Revista Mexicana de Sociología*, [s. l.], v. 76, n. 3, p. 413-439, 2014b.

CRESWELL, John W. *Projeto de pesquisa*: métodos qualitativo, quantitativo e misto. 3. ed. Porto Alegre: Artmed, 2010.

CRONQVIST, Lasse. *TOSMANA Manual*. Version 1.5. beta Trier, [s. l.], 2016. Disponível em: http://www.tosmana.net. Acesso em: 6 mar. 2025.

CRONQVIST, Lasse; BERG-SCHLOSSER. Multi-Value QCA (mvQCA). *In*: RIHOUX, Benoît; RAGIN, Charles (eds.). *Configurational comparative methods*. Qualitative Comparative Analysis (QCA) and Related Techniques. Thousand Oaks: Sage, 2009.

DUŞA, Adrian. Qualitative Comparative Analysis (QCA) in public policy: A review of the literature. *Public Policy and Administration*, [s. l.], v. 34, n. 4, p. 304-329, 2019.

DUŞA, Adrian. Set Theoretic Methods. *In*: CURINI, Luigi; FRANZESE, Robert (eds.). *The SAGE Handbook of Research Methods in Political Science and International Relations*. Thousand Oaks: Sage, 2020.

EDWARDS, Anthony William Fairbank. *Cogwheels of the mind*: the story of Venn diagrams. Baltimore: JHU Press, 2004.

FISS, Peer C. Qualitative Comparative Analysis. *In*: MILLS, Albert J.; DUREPOS, Gabrielle; WIEBE, Elden (eds.). *Encyclopedia of case study research*. Thousand Oaks: Sage, 2010.

FISS, Peer C. Building better causal theories: A fuzzy set approach to typologies in organization research. *Academy of Management Journal*, [*s. l.*], v. 54, n. 2, p. 393-420, 2011.

GAVILÁN, Mariam Benotsman. Expansión de la criminalidad organizada (CO) en las regiones Centro-Norte de Italia: un estudio de caso. *Política y Gobernanza. Revista de Investigaciones y Análisis Político*, [*s. l.*], n. 7, p. 121-151, 2023.

GERRING, John. What is a case study and what is it good for? *American Political* Science *Review*, [*s. l.*], v. 98, n. 2, p. 341-354, 2004.

GOERTZ, Gary; MAHONEY, James. *A tale of two cultures*: qualitative and quantitative research in the social sciences. Princeton: Princeton University Press, 2012.

GOMES NETO, José Mário Wanderley; BARBOSA, Luís Felipe Andrade; PAULA FILHO, Alexandre Moura de. *O que nos dizem os dados?* Uma introdução à pesquisa jurídica quantitativa. Petrópolis: Vozes, 2023.

GOMES NETO, José Mário Wanderley; ALBUQUERQUE, Rodrigo Barros de; SILVA, Renan Francelino. *Estudos de caso*: Manual para a pesquisa empírica qualitativa. Petrópolis: Vozes, 2024.

GRECKHAMER, Thomas *et al*. Studying configurations with qualitative comparative analysis: Best practices in strategy and organization research. *Strategic Organization*, [*s. l.*], v. 16, n. 4, p. 482-495, 2018.

GROFMAN, Bernard; SCHNEIDER, Carsten Q. An introduction to crisp set QCA, with a comparison to binary logistic regression. *Political Research Quarterly*, [*s. l.*], v. 62, n. 4, p. 662-672, 2009.

HAESEBROUCK, Tim. NATO burden sharing in Libya: a fuzzy set qualitative comparative analysis. *Journal of Conflict Resolution*, [*s. l.*], v. 61, n. 10, p. 2.235-2.261, 2017.

HAESEBROUCK, Tim. Democratic participation in the air strikes against Islamic state: a qualitative comparative analysis. *Foreign Policy Analysis*, [*s. l.*], v. 14, n. 2, p. 254-275, 2018.

HAILPERIN, Theodore. Boole's algebra isn't Boolean algebra. *Mathematics Magazine*, [*s. l.*], v. 54, n. 4, p. 173-184, 1981.

HANCKEL, Benjamin *et al.* The use of Qualitative Comparative Analysis (QCA) to address causality in complex systems: a systematic review of research on public health interventions. *BMC Public Health*, [*s. l.*], v. 21, n. 877, 2021. https://doi.org/10.1186/s12889-021-10926-2

HUMPHREYS, Macartan; JACOBS, Alan M. Mixing methods: A Bayesian approach. *American Political Science Review*, [*s. l.*], v. 109, n. 4, p. 653-673, 2015.

JACOBS, David Carroll. Bayesian Inference and Boolean Logic. *In*: MILLS, Albert J.; DUREPOS, Gabrielle; WIEBE, Elden (eds.). *Encyclopedia of case study research*. Thousand Oaks: Sage, 2010.

KING, Gary; KEOHANE, Robert; VERBA, Sidney. *Designing Social Inquiry*: Scientific Inference in Qualitative Research. Princeton, Princeton University Press, 2021.

LANDMAN, Todd. *Issues and methods in comparative politics*: an introduction. Londres: Routledge, 2003.

LEVIN, Jack; FOX, James A.; FORDE, David R. *Elementary Statistics in Social Sciences*. 12. ed. Boston, Pearson, 2014.

LIJPHART, Arend. Comparative politics and the comparative method. *American Political Science Review*, [*s. l.*], v. 65, n. 3, p. 682-693, 1971.

LINDEMANN, Stefan; WIMMER, Andreas. Repression and refuge: why only some politically excluded ethnic groups rebel. *Journal of Peace Research*, [*s. l.*], v. 55, n. 3, p. 305-319, 2018.

LIPSET, Seymour Martin. *Political man*: The social bases of politics. Nova York: Doubleday, 1960.

LONGEST, Kyle C.; VAISEY, Stephen. Fuzzy: A program for performing Qualitative Comparative Analyses (QCA) in Stata. *The Stata Journal*, [s. l.], v. 8, n. 1, p. 79-104, 2008.

LYRA, Mariana; RIBEIRO, Mikelli. ¿Qué lleva a las organizaciones regionales de América Latina a estar activas o paralizadas? Un Análisis Comparativo Cualitativo. *Revista de Ciencia Política*, Santiago, v. 42, n. 1, 2022.

MAGGETTI, Martino. Mixed-methods designs. *In*: WAGEMANN, Claudius *et al.* (eds.). *Handbuch Methoden der Politikwissenschaft*. Berlim: Springer, 2018, p. 193-210.

MARX, Axel; DUŞA, Adrian. Crisp-set qualitative comparative analysis (csQCA), contradictions and consistency benchmarks for model specification. *Methodological Innovations Online*, [*s. l.*], v. 6, n. 2, p. 103-148, 2011.

MARX, Axel; CAMBRÉ, Bart; RIHOUX, Benoît. Crisp-Set Qualitative Comparative Analysis and the Configurational Approach. Assessing the Potential for Organizational Studies. *Research in Sociology of Organizations*, [*s. l.*], v. 38, p. 23-47, 2013.

MEDEIROS, Marcelo de Almeida *et al*. Regionalism, foreign policy and executive/legislative relations: Mercosur and the European Union in comparative perspective. *Dados*, Rio de Janeiro, v. 68, n. 2, e20220103, 2024.

MELLO, Patrick A. Qualitative comparative analysis and the study of non--state actors. *In*: SCHNEIKER, Andrea; KRUCK, Andreas (eds.). *Researching non-state actors in international security: Theory & practice.* Londres: Routledge, 2017, p. 123-142.

MELLO, Patrick A. Qualitative comparative analysis. *In*: MELLO, Patrick A.; OSTERMANN, Falk (eds.). *Routledge Handbook of Foreign Policy Analysis Methods.* Londres: Routledge, 2022, p. 385-402.

MELLO, Patrick A. Uncovering causal complexity with qualitative comparative analysis. *In*: RUTH, Alissa; WUTICH, Amber; BERNARD, H. Russell (eds.). *The Handbook of Teaching Qualitative and Mixed Research Methods.* Londres: Routledge, 2023.

MILES, Matthew B. *et al*. *Qualitative data analysis*: a methods sourcebook. Thousand Oaks: Sage, 2014.

OLAUSSON, Pär; ACKRÉN, Maria. Condition(s) for island autonomy. *International Journal on Minority and Group Rights*, v. 15, n. 2-3, p. 227-258, 2008.

OLAVARRÍA AZÓCAR, Tito. Una propuesta tipológica para entender los gobiernos interinos latinoamericanos (1980-2022). *Estudios Internacionales*, Santiago, v. 55, n. 205, p. 65-92, 2023.

OLIVEIRA, Tassiana Moura de; GOMES NETO, José Mário Wanderley; BARROS, Ana Tereza Duarte Lima. The highest caste on the defendant's seat: Comparative institutional analysis of jurisdictional privileges in Latin American countries. *Direito, Processo e Cidadania*, Recife, v. 2, n. 2, p. 28-49, 2023.

ORTIZ, Pablo José Castillo. Councils of the judiciary and judges' perceptions of respect to their independence in Europe. *Hague Journal on the Rule of Law*, [*s. l.*], v. 9, p. 315-336, 2017.

PARANHOS, Ranulfo *et al*. Uma introdução aos métodos mistos. *Sociologias*, Porto Alegre, v. 18, p. 384-411, 2016.

PAYKANI, Toktam; RAFIEY, Hassan; SAJJADI, Homeira. A fuzzy set qualitative comparative analysis of 131 countries: Which configuration of the structural conditions can explain health better? *International Journal for Equity in Health*, [s. l.], n. 10, 2018.

PÉREZ-LIÑÁN, Aníbal. Presidential impeachment and the new political instability in Latin America. Cambridge: Cambridge University Press, 2007.

PÉREZ-LIÑÁN, Aníbal. Instituciones, coaliciones callejeras e inestabilidad política: perspectivas teóricas sobre las crisis presidenciales. *América Latina Hoy*, [s. l.], n. 49, p. 105-126, 2008.

PÉREZ-LIÑÁN, Aníbal. El método comparativo y el análisis de configuraciones causales. *Revista Latinoamericana de Política Comparada*, [s. l.], v. 3, n. 3, p. 125-148, 2010.

PÉREZ-LIÑÁN, Aníbal. Prefacio. *In*: CORTEZ SALINAS, Josafat. *La Suprema Corte de Justicia en México* ¿Cuándo vota contra el presidente? Cidade do México: Universidad Nacional Autónoma de México, 2014.

PÉREZ-LIÑÁN, Aníbal. El método comparativo en América Latina. *Revista Ecuatoriana de Ciencia Política*, [s. l.], v. 2, n. 1, p. 39-60, 2023.

PERISSINOTTO, Renato; NUNES, Wellington. Elites, Estado e industrialização: uma análise fuzzyset. *Dados*, Rio de Janeiro, v. 66, n. 4, e20210134, 2023a.

PERISSINOTTO, Renato; NUNES, Wellington. *Introdução aos métodos qualitativos*: Comparação histórica, QCA e *process tracing*. São Paulo: Edusp, 2023b.

PETERS, Guy B. Strategies for comparative research in political science. Nova York: Palgrave Macmillan, 2013.

PIRES, Roberto Rocha Coelho; GOMIDE, Alexandre de Ávila. Governança e capacidades estatais: uma análise comparativa de programas federais. *Revista de Sociologia e Política*, Curitiba, v. 24, n. 58, p. 121-143, 2016.

RAGIN, Charles C. "Casing" and the process of social inquiry. *In*: RAGIN, Charles C. *et al.* (eds.). *What is a case?* Exploring the foundations of social inquiry. Cambridge: Cambridge University Press, 1992.

RAGIN, Charles C. The logic of qualitative comparative analysis. *International Review of Social History*, v. 43, n. S6, p. 105-124, 1998.

RAGIN, Charles C. Using qualitative comparative analysis to study causal complexity. *Health Services Research*, [s. l.], v. 34, n. 5, pt. 2, p. 1.225, 1999.

RAGIN, Charles C. Fuzzy-*set social science*. Chicago: University of Chicago Press, 2000.

RAGIN, Charles C. Set relations in social research: Evaluating their consistency and coverage. *Political Analysis*, [s. l.], v. 14, n. 3, p. 291-310, 2006a.

RAGIN, Charles C. The limitations of net-effects thinking. *In*: RIHOUX, Benoît; GRIMM, Heike (eds.). *Innovative comparative methods for policy analysis*: Beyond the quantitative-qualitative divide. Nova York: Springer, 2006b.

RAGIN, Charles C. *Redesigning social inquiry*: Fuzzy sets and beyond. Chicago: University of Chicago Press, 2008.

RAGIN, Charles C. Reflections on casing and case-oriented research. *In*: RAGIN, Charles C.; BYRNE, David (eds.). *The SAGE Handbook of Case-Based Methods*. Thousand Oaks: Sage, 2009.

RAGIN, Charles C. *The comparative method*: Moving beyond qualitative and quantitative strategies. Oakland: University of California Press, 2014. (Original publicado em 1987).

REZENDE, Flávio da Cunha. Razões emergentes para a validade dos estudos de caso na ciência política comparada. *Revista Brasileira de Ciência Política*, Brasília, DF, n. 6, p. 297-337, 2011.

REZENDE, Flávio da Cunha. Fronteiras de integração entre métodos quantitativos e qualitativos na ciência política comparada. *Revista Teoria & Sociedade*, Belo Horizonte, v. 22, n. 2, p. 40-74, 2014.

REZENDE, Flávio da Cunha. Transformações metodológicas na Ciência Política contemporânea. *Revista Política Hoje*, Recife, v. 24, n. 2, p. 13-46, 2015.

REZENDE, Flávio da Cunha. *Os leviatãs estão fora de lugar*: Democracia, globalização e transformações do papel do Estado 1990-2010. Recife: Editora UFPE, 2016.

REZENDE, Flávio da Cunha. Transformações na cientificidade e o ajuste inferencial na Ciência Política: argumento e evidências na produção de alto fator de impacto. *Revista de Sociologia e Política*, Curitiba, v. 25, p. 103-138, 2017.

REZENDE, Flávio da Cunha. Razões e possibilidades inferenciais para estudos de caso. *In*: FERNANDES, Ivan Filipe; SENHORAS, Elói Martins (orgs.). *Desafios metodológicos das políticas públicas baseadas em evidências*. Boa Vista: Editora IOLE, 2022a.

REZENDE, Flávio da Cunha. Comparação em Ciência Política. *In*: PERISSINOTTO, Renato *et al.* (orgs.). *Política comparada*: Teoria e método. Rio de Janeiro: Eduerj, 2022b.

REZENDE, Flávio da Cunha. *O pluralismo inferencial na ciência política*. Curitiba: Appris, 2023.

RIHOUX, Benoît. Qualitative Comparative Analysis (QCA) and related systematic comparative methods: Recent advances and remaining challenges for social science research. *International Sociology*, [*s. l.*], v. 21, n. 5, p. 679-706, 2006.

RIHOUX, Benoît. Case-oriented configurational research: Qualitative Comparative Analysis (QCA), fuzzy sets, and related techniques. *In*: BOX-STEFFENSMEIER, Janet M.; BRADY, Henry E.; COLLIER, David (eds.). *The Oxford Handbook of Political Methodology*. Oxford: Oxford University Press, 2008.

RIHOUX, Benoît. Qualitative Comparative Analysis (QCA): reframing the comparative method's seminal statements. *Swiss Political Science Review*, [*s. l.*], v. 19, n. 2, p. 233-245, 2013.

RIHOUX, Benoît; DE MEUR, Gisèle. Crisp-set qualitative comparative analysis (csQCA). *In*: RIHOUX, Benoît; RAGIN, Charles C. (eds.). *Configurational comparative methods*: Qualitative Comparative Analysis (QCA) and related techniques. Thousand Oaks: Sage, 2009, p. 33-68.

RIHOUX, Benoît *et al.* Conclusions. The way(s) ahead. *In*: RIHOUX, Benoît; RAGIN, Charles C. (eds.). *Configurational comparative methods*. Qualitative Comparative Analysis (QCA) and related techniques. Thousand Oaks: Sage, 2009.

RIHOUX, Benoît *et al.* From niche to mainstream method? A comprehensive mapping of QCA applications in journal articles from 1984 to 2011. *Political Research Quarterly*, [*s. l.*], p. 175-184, 2013.

RIHOUX, Benoît; RAGIN, Charles C. (eds.). *Configurational comparative methods*. Qualitative Comparative Analysis (QCA) and related techniques. Thousand Oaks: Sage, 2009.

ROGER-MONZÓ, Vanessa; CASTELLÓ-SIRVENT, Fernando. Soft power in global governance: fsQCA of thematic specialization strategies of European think tanks. *Global Policy*, [*s. l.*], v. 14, n. 2, p. 288-304, 2023.

ROMME, A. Georges L. Boolean comparative analysis of qualitative data: A methodological note. *Quality and Quantity*, [*s. l.*], v. 29, n. 3, p. 317-329, 1995.

RUBENZER, Trevor. Ethnic minority interest group attributes and U.S. foreign policy influence: a qualitative comparative analysis. *Foreign Policy Analysis*, [*s. l.*], v. 4, n. 2, p. 169-185, 2008.

SANDES-FREITAS, Vítor *et al.* Combate à pandemia de covid-19 e sucesso eleitoral nas capitais brasileiras em 2020. *Revista Brasileira de Ciência Política*, Brasília, DF, n. 36, e246974, 2021.

SANTOS, Manoel Leonardo; PÉREZ-LIÑÁN, Aníbal; GARCÍA MONTERO, Mercedes. El control presidencial de la agenda legislativa en América Latina. *Revista de Ciencia Política*, Santiago, v. 34, n. 3, p. 511-536, 2014.

SCHNEIDER, Carsten Q.; WAGEMANN, Claudius. Standards of good practice in Qualitative Comparative Analysis (QCA) and fuzzy-sets. *Comparative Sociology*, [s. l.], v. 9, n. 3, p. 397-418, 2010.

SCHNEIDER, Carsten Q.; WAGEMANN, Claudius. *Set-theoretic methods for the social sciences*: a guide to qualitative comparative analysis. Cambridge: Cambridge University Press, 2012.

SILAME, Thiago Rodrigues. Condicionantes políticos no sucesso legislativo dos governadores brasileiros: uma Análise Qualitativa Comparativa (QCA). *E-Legis*, Brasília, DF, n. 35, p. 131-156, 2021.

SOARES, Gláucio Ary Dillon. O calcanhar metodológico da ciência política no Brasil. *Sociologia, Problemas e Práticas*, [s. l.], v. 48, n. 48, p. 27-52, 2005.

THIEM, Alrik. Set-relational fit and the formulation of transformational rules in fsQCA. *COMPASS Working Paper*, Houston, n. 61, 2010.

THOMANN, Eva; MAGGETTI, Martino. Designing research with Qualitative Comparative Analysis (QCA): Approaches, challenges, and tools. *Sociological Methods & Research*, [s. l.], v. 49, n. 2, p. 356-386, 2020.

VAN DE GRAAF, Thijs; HAESEBROUCK, Tim; DEBAERE, Peter. Fractured politics? The comparative regulation of shale gas in Europe. *Journal of European Public Policy*, [s. l.], v. 25, n. 9, p. 1276-1293, 2018.

VINK, Maarten P.; VAN VLIET, Olaf. Not quite crisp, not yet fuzzy? Assessing the potentials and pitfalls of multi-value QCA. Field Methods, [s. l.], v. 21, n. 3, p. 265-289, 2009.